国家电网
STATE GRID

国家电网有限公司特高压建设分公司
STATE GRID UHV ENGINEERING CONSTRUCTION COMPANY



# 特高压工程“五库一平台”建设与应用

国家电网有限公司特高压建设分公司 编

中国电力出版社
CHINA ELECTRIC POWER PRESS

内 容 提 要

高质量建设特高压电网，是落实国家电网有限公司“一体四翼”战略布局、促进新能源供给消纳体系建设、实现“碳达峰、碳中和”目标的必然要求。为推动特高压工程技术传承与经验共享，强化技术标准和标准工艺落地应用，推动工程项目技术标准化水平提升，国网特高压公司建成特高压工程“五库一平台”并上线应用。为系统地阐述特高压工程“五库一平台”的建设与应用实践，国网特高压公司组织编制了《特高压工程“五库一平台”建设与应用》一书。本书从为什么建、如何建、建成什么样、应用成效、未来发展五个层面，通过六个章节全面总结了“五库一平台”的建设背景、目标定位与建设思路、建设内容、平台功能、应用管理及成效、工作展望等内容，可供“五库一平台”应用人员学习使用，也可为基建系统开展工程项目标准化管理提供借鉴。



**图书在版编目（CIP）数据**

特高压工程“五库一平台”建设与应用/国家电网有限公司特高压建设分公司编．—北京：中国电力出版社，2022.12

ISBN 978-7-5198-7415-5

Ⅰ.①特…　Ⅱ.①国…　Ⅲ.①特高压输电—交流输电—电力工程　Ⅳ.①TM726.1

中国国家版本馆 CIP 数据核字（2023）第 001677 号

出版发行：中国电力出版社
地　　址：北京市东城区北京站西街 19 号（邮政编码 100005）
网　　址：http://www.cepp.sgcc.com.cn
责任编辑：闫姣姣
责任校对：黄　蓓　李　楠
装帧设计：郝晓燕
责任印制：石　雷

印　　刷：北京瑞禾彩色印刷有限公司
版　　次：2023 年 6 月第一版
印　　次：2023 年 6 月北京第一次印刷
开　　本：880 毫米×1230 毫米　16 开本
印　　张：6.5　插页 2
字　　数：170 千字
定　　价：49.00 元

# 特高压工程“五库一平台”建设与应用

## 编写委员会

**主　任**　安建强　种芝艺

**副主任**　赵宏伟　张金德　孙敬国　张永楠　毛继兵　刘　皓
程更生　张亚鹏　邹军峰　袁清云

**成　员**　李　伟　刘良军　董四清　刘志明　徐志军　刘洪涛
谭启斌　张　昉　李　波　肖　健　张　宁　白光亚
倪向萍　熊织明　王新元　张　智　王　艳　陈　凯
徐国庆　刘宝宏　肖　峰　孙中明　姚　斌

## 编写工作组

**组　　长**　毛继兵

**副 组 长**　徐志军　张　诚

**主要编写人员**　邓佳佳　杨洪瑞　王茂忠　侯　镭　吴　畏　苗峰显
李媛媛　李康伟　冯怡雪　马卫华　俞　磊　刘建楠
田　洁　张　伟　张志军　王晓楠　宋　涛　侯纪勇
唐　宁　汪　通　王关翼　郎鹏越　江海涛　徐剑峰
田文博　王志强　张东旭　魏金祥　潘文瀚　刘搏晗
赵　倩　李志强　陈　默　魏青松　钱　锋　杜常见
孟令健　林福生　许　瑜　魏常信　付宝良　杨恒杰
李　昱　张　智（西南）　马云龙　汪旭旭　徐嘉阳
张　鹏（安质）　尤少华　何宣虎　陈新刚　梅毅林
谢永涛　潘青松　葛江北　吴继顺　吴昊亭　刘　超
张　鹏（变电）　曹加良　张崇涛　李　浩　黄天翔
李同晗　周万骏　蔡刘露　宗海迥　李戴玉　李　丹
周之皓　孙斐斐　贺　然　贾可嘉　刘　环　李殿茹
宋伟东　寇晓香　丁萍萍　王玲玲　邢珂争　范继中
关靖云鹏　张庆雨　张　倩

# 序

从2006年8月我国首个特高压工程——1000kV晋东南—南阳—荆门特高压交流试验示范工程开工建设，至2022年底，国家电网有限公司已累计建成特高压交直流工程33项，特高压骨干网架已初步建成，为促进我国能源资源大范围优化配置、推动新能源大规模高效开发利用发挥了重要作用。特高压工程实现从“中国创造”到“中国引领”，成为中国高端制造的“国家名片”。

高质量发展是全面建设社会主义现代化国家的首要任务。我国大力推进以稳定安全可靠的特高压输变电线路为载体的新能源供给消纳体系规划建设，赋予了特高压工程新的使命。作为新型电力系统建设、实现“碳达峰、碳中和”目标的排头兵，特高压发展迎来新的重大机遇。

面对新一轮特高压工程大规模建设，总结传承好特高压工程建设管理经验、推广应用项目标准化成果，对于提升工程建设管理水平、推动特高压工程高质量建设具有重要意义。

国家电网有限公司特高压建设分公司应三峡输变电工程而生，伴随特高压工程成长壮大，成立26年以来，建成全部三峡输变电工程，全程参与了国家电网所有特高压交直流工程建设，直接建设管理了以首条特高压交流试验示范工程、首条特高压直流示范工程、首条特高压同塔双回交流示范工程、首条世界电压等级最高的特高压直流输电工程为代表的多项特高压交直流工程，积累了丰富的工程建设管理经验，形成了丰硕的项目标准化管理成果。经系统梳理、全面总结，提炼形成《特高压工程建设标准化管理》等系列成果，涵盖建设管理、技术标准、工艺工法、经验案例等内容，为后续特高压工程建设提供管理借鉴和实践案例。

他山之石，可以攻玉。相信《特高压工程建设标准化管理》等系列成果的出版，对于加强特高压工程建设管理经验交流、促进“六精四化”落地实施，提升国家电网输变电工程建设整体管理水平将起到积极的促进作用。国家电网有限公司特高压建设分公司将在不断总结自身实践的基础上，博采众长、兼收并蓄业内先进成果，迭代更新、持续改进，以专业公司的能力与作为，在引领工程建设管理、推动特高压工程高质量建设方面发挥更大的作用。

2022年12月

# 前言

高质量建设特高压电网，是落实国家电网有限公司“一体四翼”战略布局、促进新能源供给消纳体系建设、实现“碳达峰碳中和”目标的必然要求。加强工程项目标准化管理，传承好特高压工程建设经验，强化工程建设技术标准、标准工艺落地应用，对于推动特高压工程高质量建设至关重要。

国家电网有限公司特高压建设分公司成立26年来，全程参与了国家电网所有特高压工程建设，直接建设管理了以首条特高压交流试验示范工程、首条特高压直流示范工程为代表的多项特高压交、直流工程，创新研制了一批施工装备，编制了一批标准工艺，形成了一批技术标准，积累了丰富的管理经验，培养了大量专业人才，有力支撑了特高压工程高质量建设。

为推动特高压工程技术传承与经验共享，强化技术标准和标准工艺落地应用，推动工程项目技术标准化水平提升，国家电网有限公司特高压建设分公司建成特高压工程“五库一平台”并上线应用。“五库一平台”涵盖9类专业、4500余项成果文件，实现跨库全文检索、成果推送、标准条文解读等12项实用功能，打造项目标准化应用平台、经验传承共享平台、专业交流学习平台，服务工程现场标准化管理，服务工程高质量建设。

为系统地阐述特高压工程“五库一平台”的建设与应用实践，国家电网有限公司特高压建设分公司组织编制了《特高压工程“五库一平台”建设与应用》一书。本书从为什么建、如何建、建成什么样、应用成效、未来发展五个层面，通过六个章节全面总结了“五库一平台”的建设背景、目标定位与建设思路、建设内容、平台功能、应用管理及成效、工作展望等内容，可供“五库一平台”应用人员学习使用，也可为基建系统开展工程项目标准化管理提供借鉴。

鉴于编者水平有限，书中内容难免有不足和疏漏之处，敬请广大读者批评指正。

编者

2022年12月

# 目录

# 第一章　建　设　背　景

党的二十大提出了建设中国式现代化的宏伟目标，高质量发展是建设中国式现代化的首要任务。加快推进特高压工程建设，是构建新型电力系统、建设新能源供给消纳体系、实现“碳达峰碳中和”目标的必然选择。“十四五”及今后很长一段时期，特高压工程将迎来大规模建设的高峰。特高压工程建设面临集中建设规模大、技术及地域进入“无人区”、质量要求更高等新的形势，迫切需要进一步强化技术创新，推动技术标准落地应用，全面提升特高压工程建设质量。

为贯彻国家电网有限公司（以下简称“国家电网公司”）“具有中国特色国际领先的能源互联网企业”的战略目标及“一体四翼”发展布局，完善基建专业管理体系，深化工程标准化建设，提升专业管理水平和整体建设能力，国家电网公司提出实施基建“六精四化”三年行动计划。在专业管理上实施“六精”管理，在工程建设上实施“四化”建设，赋予了基建标准化管理、工程标准化建设新内涵。“六精”的核心是项目管理标准化和精益管理，“四化”的核心是建造方式和建造手段的变革。“六精四化”对于特高压工程项目管理标准化、技术标准化和科技创新工作提出了新的更高要求。

国家电网有限公司特高压建设分公司（以下简称“国网特高压公司”或“公司”）于2021年7月在原国家电网公司直流建设分公司、交流建设分公司（以下简称“国网直流公司”“国网交流公司”）的基础上重组整合而成。公司全程参与了国家电网所有的特高压工程建设，编制了几乎所有的特高压工程施工、调试、验收方面的技术标准，创新研制了一批施工装备，积累了丰富的建设管理经验，有力推动了特高压工程高质量建设。作为特高压工程建设的“主力军”和“国家队”，公司必须牢牢抓住特高压工程规模化建设的战略机遇，充分发挥专业优势，传承共享好工程建设的先进技术和典型经验，高质量输出标准化成果，在推进特高压工程建设中挑大梁、担重任、当标杆。

公司聚焦特高压电网建设核心主业，提出实现“三个引领”的战略目标，赋予了公司专业价值引领新的内涵。“建设管理引领”就是要输出标准化管理经验，带动提升国家电网整体建设水平。“科技创新引领”就是要通过工程建设难点、薄弱点的技术攻关，打造特高压施工技术（装备）引领中心、标准规范制定中心。“专业人才引领”就是要依托特高压工程建设，通过专业经验交流和共享传承，打造业务精、专业强的人才队伍。公司专业价值引领亟需新的方式和手段。

面对新形势、新要求和新机遇，公司需要充分发挥二十多年来深耕电网工程建设管理的专业优势，通过数字化手段，搭建项目标准化与知识管理平台，传承先进技术，共享典型经验，推动技术标准和科技成果落地应用，提升项目标准化水平，为高质量建设特高压电网贡献智慧和力量。

## 第一节　特高压工程高质量建设面临新形势

党的二十大提出了建设中国式现代化的宏伟目标，高质量发展是建设中国式现代化的首要任务。推动特高压工程高质量建设，是落实“高质量发展这一首要任务”的必然要求。

习近平总书记提出“我国力争2030年碳达峰、2060前碳中和”的目标。国家明确2030年风电、太阳能发电总装机达到12亿kW以上、非化石能源消费占比达到25%左右，释放出加快推进能源清洁低碳转型的强烈信号。随着碳达峰、碳中和进程加快推进，能源生产加速清洁化、能源消费高度电气化、能源配置日趋平台化、能源利用日益高效化。习近平总书记就推进“双碳”工作强调，要加大力度规划建设以大型风光电基地为基础、以其周边清洁高效先进节能的煤电为支撑、以稳定安全可靠的特高压输变电线路为载体的新能源供给消纳体系，赋予了电网新的使命，对推进特高压工程建设、加快电网发展提出新的要求。

为深入贯彻习近平总书记关于“碳达峰、碳中和”重要讲话和指示精神，国家电网公司明确了“具有中国特色国际领先的能源互联网企业”的战略目标，提出构建清洁低碳、安全可控、灵活高效、智能友好、开放互动的新型电力系统。新型电力系统与能源互联网在基本内涵上具有高度一致性，都指明了电网转型发展的方向。为加快推动构建新型电力系统，国家电网公司专门作出部署，明确了未来10年需要重点推进的9个方面28项任务，其中第一个方面前两项任务分别是“加快特高压电网建设”和“提高跨省跨区输送清洁能源力度”。无论是在新能源消纳还是新型电力系统的构建，特高压电网都具有不可替代的重要性。

随着国家宏观政策优先支持基础设施重点领域项目，不断提升能源资源供应的保障能力，加大力度规划建设新能源供给消纳体系，特高压输电项目步入了提升建设速度的“快车道”。“三交九直”特高压工程前期工作加快推进，沙漠、戈壁、荒滩大型风光电基地和西藏清洁能源基地等后续特高压输电项目正在规划，特高压工程高质量建设面临着集中建设规模大、技术及地域进入“无人区”、质量要求更高等新的形势。

1. 工程集中建设规模大

根据国家电网公司电网发展规划，“十四五”期间，计划建成投运“十四交十一直”特高压工程，总投资超过3700亿元，比“十三五”特高压投资规模增长16%以上；新增特高压交流线路1.26万km、变电容量1.74亿kVA，新增直流线路1.72万km、换流容量1.63亿kW。在送端，进一步完善西北、东北主网架结构，加快构建川渝特高压交流主网架，支撑跨区直流安全高效运行；在受端，扩展和完善华北、华东特高压交流网架，加快建设华中特高压骨干网架。

国家电网公司在2022年8月召开的重大项目建设推进会议上提出，要加大“三交九直”等特高压工程前期工作力度，力争年内核准开工武汉—南昌、张北—胜利、川渝联网、黄石特高压交流，金上—湖北、陇东—山东、宁夏—湖南、哈密—重庆特高压直流等“四交四直”工程。截至2022年11月底，武汉—南昌、张北—胜利、川渝联网工程已获得核准，金上—湖北等后续工程核准相关工作正在同步加快推进；这些特高压交、直流工程，将于2022年四季度至2023年上半年期间陆续开工建设。同时，白鹤滩—江苏、白鹤滩—浙江特高压直流工程要在2022年12月形成1200万kW送电能力，荆门—武汉特高压交流工程2022年12月建成投运。推动特高压工程大规模、高质量建设，将要面临着时间窗口紧、建设资源缺、安全压力大、技术挑战高等新的形势，对进一步提升工程项目标准化、规范化管理，抓好标准化成果落地见效提出了更为迫切的要求。

2. 技术创新更难

为适应大规模新能源送出，后续特高压直流工程将更多采用柔性直流输电、混合级联输电等创新技术及装备；川渝联网工程和金上—湖北特高压直流工程多站处于高海拔和重覆冰地域，技术装备的创新攻坚和施工组织均进入“无人区”，需要进一步加强科技攻关及成果推广应用，并开展与之相应的技术标准转化、工艺标准制定、典型施工方法编制等工作。

（1）特高压首次高海拔建设无工程经验。金上—湖北及川渝特高压工程建设海拔均远超目前所有已投运及在建工程，此前海拔最高的特高压换流站为2900m的海南换流站，特高压交流变电站海拔均低于2000m。高海拔工程建设空气间隙选择、外绝缘修正等基础问题均需要重新开展研究，由此导致已经相对成熟的工程设计方案及设备技术方案均将发生较大调整、当前的现场试验装备无法适用等问题，此外还存在高地震烈度抗震专项设计、变压器等大型设备可能采用现场组装方式等因素，需要在施工方法、施工工艺等方面开展配套研究。

（2）高海拔地区现场施工及质量控制更难。高海拔地区氧气绝对含量远低于平原地区，由此带来的施工人员高原反应及施工机械降效不可避免。此外，低温、大温差、地质条件复杂、抗震设防等级高、电晕控制要求严，均对施工质量控制提出了更高要求。从施工角度有必要研究应用装配式等施工技术、新材料、新工艺，降低现场施工工作量；同时研究专用施工装备和工器具，创新施工工艺，以机械化、智能化施工降低作业人员劳动强度，提高现场施工工效和施工质量。

### 3. 质量要求更高

中国已全面开启中国式现代化建设的新篇章。完整、准确、全面贯彻新发展理念，创新驱动发展战略深入实施，各行各业的建设品质要求必然全面提升。作为坚强智能电网的重要组成部分，特高压电网是提升清洁能源消纳能力的主导力量，也是提高大范围资源优化配置能力的首要途径。高质量建设特高压电网，是遵循经济社会发展规律、适应新时代技术进步和品质提升、更好服务经济社会发展的必然要求。

（1）能源转型发展要求加强技术攻关。实现“双碳”目标、构建新型电力系统，迫切需要实施一批跨区、跨省特高压输电工程，进一步加大在全国范围内优化配置电力资源的规模和强度，保障电力安全可靠供应，推动能源绿色低碳转型。作为新能源供给消纳的载体，特高压电网迫切需要在新能源大规模安全接入、稳定传输、灵活控制与友好消纳的关键技术领域取得新突破；同时，特高压主设备大批量生产的质量稳定性还需要进一步提升，目前尚依赖进口的分接开关、工控芯片等零部件迫切需要突破“短板”。

（2）外部政策及环境变化要求转变建造方式。近年来国家层面先后发布了推行装配式建设、绿色建造、智能建造等系列文件，对现代技术手段应用等提出了明确要求。当前产业工人日趋短缺，建设资源紧张，亟需借助成熟的建筑技术，以及数字技术、人工智能等手段，加快转变特高压电网的建造方式和建造手段，推动特高压工程建设模块化、智能化、机械化、绿色化，提升工程建设的质量和效率。

（3）外部监管形势要求深化依法合规管理。随着工程建设许可、环水保、审计等监管的日趋严格，依法合规要求持续提高。特高压工程穿越铁路、公路、航道、各类厂矿、环境保护区等敏感区域的行政手续办理、停电跨越难度不断加大，严重制约工程建设有序推进。中央生态环保督察不断深入，国家生态环保法律法规密集出台，简化审批、严格监管、严肃追责监管模式全面形成，对工程建设项目依法开展生态环保工作提出了更高要求。所有这些，都需要我们进一步加强工程建设程序、招投标、资金使用、工程分包等关键环节合规管控。

特高压工程大规模集中开工、同期建设，新技术、新装备大量应用，高海拔、重覆冰带来的超预期施工难度，工程高质量建设面临着更高要求，迫切需要进一步提升工程项目标准化、规范化管理水平，以项目标准化管理应对特高压工程大规模建设；迫切需要进一步强化技术创新，以问题为导向，聚焦工程现场，以技术创新推动解决工程建设中的难题；迫切需要进一步推动技术标准、标准工艺落地应用，全面提升特高压工程建设质量。

## 第二节　基建“六精四化”落地实施提出新要求

国家电网公司提出的“建设具有中国特色国际领先的能源互联网企业”战略目标中，“具有中国特色”是根本，“国际领先”是追求、“能源互联网”是方向。其中，特高压电网是能源网架的基础，特高压技术是能源互联网价值创造的核心。作为战略的再深化、再提升和再发展，国家电网公司提出了“一业为主、四翼齐飞、全要素发力”的发展总体布局，明确了“一体四翼”以电网业务为核心，特高压电网的高质量建设直接关系着“一体”的有效落地实施。

为贯彻国家电网公司战略及“一体四翼”发展布局，完善基建专业管理体系，深化工程标准化建设，提升专业管理水平和整体建设能力，国家电网公司提出基建“六精四化”（六精：精益求精抓安全，精雕细刻提质量，精准管控保进度，精耕细作抓技术，精打细算控造价，精心培育强队伍；四化：标准化、绿色化、模块化、智能化）三年行动计划，在专业管理上实施“六精”管理，在工程建设上实施“四化”建设，赋予了基建标准化管理、工程标准化建设新的内涵，也提出了更高的要求。

根据基建“六精四化”三年行动计划要求，国网特高压公司组织编制印发了《落实基建“六精四化”三年行动计划实施方案》，提出要通过继承和发扬特高压工程建设的先进经验、深化完善公司专业管理体系、持续培育特高压建设高水平人才队伍等措施，在“六精”落地实施中实现建设管理水平持续提升，以“四化”更高质量建设特高压电网工程，不断发挥“三个引领”作用，带动提升国家电网公司电网建设的整体水平和质量。

1. 以“六精”为内涵的标准化专业管理

以“六精”为内涵的标准化专业管理，通过实施“精益求精抓安全、精雕细刻提质量、精准管控保进度、精耕细作抓技术、精打细算控造价、精心培育强队伍”，建立健全“架构更加科学合理、运转更加有序高效、管控更加科学有力”的专业管理体系，推动基建管理能力水平再上新台阶。

“六精”的核心是项目管理标准化和精益管理。为落实以“六精”为内涵的标准化专业管理要求，需要基于当前专业管理体制、制度标准体系，全面梳理总结近年来标准化、规范化、专业化的管理成果，在此基础上进一步推动实施精益管理。一是要建立健全特高压工程建设管理制度体系，整合编制工程项目管理制度，完善各专业标准化工作手册，推进工程建设各阶段、各专业、各单位间工作有机衔接和高效运转；二是要建立特高压工程建设管理全业务流程体系，在管理制度体系基础上，系统、全面梳理特高压工程管理工作流程、工作内容、工作标准，明确各个阶段的职责分工、工作界面和工作要求，指导后续工程建设；三要进一步补充完善工程建设标准化成果，细化形成各环节的标准化文件、指导手册，确保管理要求能够有效落地。

2. 以“四化”为特征的高质量工程建设

以“四化”为特征的高质量工程建设，主要是“以标准化为基础、绿色化为方向、模块化为方式、智能化为内涵”，全面推进“价值追求更高、方式手段更新、质量效率更优”的高质量建设，推动工程建设能力水平再上新台阶。

“四化”的核心是建造方式和建造手段的变革。为实现以“四化”为特征的高质量工程建设，需要总结提炼近年来特高压工程的标准化建设成果，通过数字化平台，推动标准化成果支撑工程高质量建设。一是要完善建立特高压工程建设技术标准体系，开展基建与运行技术标准差异分析，实现技术标准条文解读，推动技术标准在工程现场落地见效；二是要梳理特高压工程建设相关科技成果，围绕“四化”特征，提炼固化一批技术先进、安全可靠、经济合理的施工技术及装备，形成特高压工程科技成果推广应用清单，推动相关成果在工程建设中推广实施，全面推进工程高质量建设。

“六精四化”对于特高压工程项目管理标准化、技术标准化和科技创新工作提出了新的更高要求。为全面推动“六精四化”落地实施，需要健全完善标准化建设管理体系，总结提炼标准化成果，加快推进特高压工程施工技术（装备）研究，继承发扬公司在特高压工程建设方面的先进技术与管理经验，推动项目管理标准化、技术标准化水平提升，实现工程高质量建设和公司高质量发展。

## 第三节 专业公司高质量发展面临新机遇

国网特高压公司应三峡输变电工程而生，伴随特高压工程成长壮大。公司成立 26 年来，建成全部三峡输变电工程，全程参与了国家电网公司所有特高压交、直流工程建设，直接建设管理了以首条特高压交流试验示范工程、首条特高压直流示范工程、首条特高压同塔双回交流示范工程、首条世界电压等级最高的特高压直流输电工程为代表的 29 项特高压交、直流工程。这期间，公司围绕工程建设实际需求，紧盯工程建设一线，着力开展关键技术攻关，统筹技术标准布局，注重成果挖掘与转化，创新研制了一批施工装备，编制了一批标准工艺，形成了一批技术标准，积累了丰富管理经验，培养了大量专业人才，为特高压骨干网架建设做出了重要贡献，充分彰显了专业公司的价值所在。

### 1. 特高压工程建设成就

自我国第一个特高压交流输电工程（1000kV 晋东南—南阳—荆门特高压交流试验示范工程）、第一个±800kV 特高压直流输电工程（向家坝—上海±800 kV 特高压直流输电示范工程）开工建设，公司开启了特高压工程建设的序幕。截至 2022 年 10 月，公司高质量建设 12 个特高压变电站工程（含扩建）、23 个特高压及柔性直流换流站工程，6261km 输电线路工程。公司参与建成的特高压及柔性直流工程详见附录 1。

通过加强建设管理，有力推动了特高压工程高质量建设，取得丰硕成果。截至 2022 年 10 月，公司参与建设的特高压交流、直流及常规直流工程中，共获得国家科技进步特等奖 2 项，中国工业大奖 3 项，国家优质工程 30 年经典工程 2 项、新中国成立 60 周年百项经典暨精品工程 1 项、新中国成立 70 周年经典工程 2 项、国家优质工程金奖 13 项、中国建设工程鲁班奖 2 项，国家优质投资项目特别奖 1 项、项目奖 3 项，国际卓越项目管理银奖 1 项，国家水土保持生态文明工程 1 项，国家水土保持示范工程 1 项。工程获奖情况见表 1-1。

表 1-1 工程获奖情况一览表

| 序号 | 工程名称 | 获奖年度 |
|---|---|---|
| 一 | 国家科技进步特等奖 | |
| 1 | 特高压交流输电关键技术、成套设备及工程应用 | 2012 年 |
| 2 | 特高压±800kV 直流输电工程 | 2017 年 |
| 二 | 中国工业大奖 | |
| 1 | 1000kV 晋东南—南阳—荆门特高压交流试验示范工程 | 2011 年 |

续表

| 序号 | 工程名称 | 获奖年度 |
|---|---|---|
| 2 | 青藏电力联网工程 | 2014年 |
| 3 | 向家坝—上海±800kV特高压直流输电示范工程 | 2018年 |
| 三 | **国家优质工程30年经典工程** | |
| 1 | 1000kV晋东南—南阳—荆门特高压交流试验示范工程 | 2011年 |
| 2 | 向家坝—上海±800kV特高压直流输电示范工程 | 2011年 |
| 四 | **新中国成立60周年百项经典暨精品工程** | |
| 1 | 1000kV晋东南—南阳—荆门特高压交流试验示范工程 | 2009年 |
| 五 | **新中国成立70周年经典工程** | |
| 1 | 1000kV晋东南—南阳—荆门特高压交流试验示范工程 | 2019年 |
| 2 | 新疆昌吉至安徽古泉±1100kV特高压直流输电工程 | 2019年 |
| 六 | **国家优质工程金质奖** | |
| 1 | 1000kV晋东南—南阳—荆门特高压交流试验示范工程 | 2010年 |
| 2 | 向家坝—上海±800kV特高压直流输电示范工程 | 2011年 |
| 3 | 宁东—山东±660kV直流输电示范工程 | 2012年 |
| 4 | 青海—西藏±400kV直流联网工程 | 2013年 |
| 5 | 淮南—浙北—上海1000kV特高压交流输电示范工程 | 2014年 |
| 6 | 锦屏—苏南±800kV特高压直流输电工程 | 2014年 |
| 7 | 哈密南—郑州±800kV特高压直流输电工程 | 2015年 |
| 8 | 浙北—福州1000kV特高压交流输变电工程 | 2016年 |
| 9 | 酒泉—湖南±800kV特高压直流输电工程 | 2018年 |
| 10 | 榆横—潍坊1000kV特高压交流输变电工程 | 2019年 |
| 11 | 扎鲁特—青州±800kV特高压直流输电工程 | 2019年 |
| 12 | 渝鄂直流背靠背联网工程南通道/北通道换流站工程 | 2020年 |
| 13 | 苏通GIL综合管廊工程 | 2021年 |
| 七 | **中国建设工程鲁班奖** | |
| 1 | 双龙换流站工程 | 2017年 |
| 2 | 上海庙±800kV换流站工程 | 2020年 |
| 八 | **国家优质投资项目特别奖** | |
| 1 | 青海—西藏±400kV直流输电工程 | 2013年 |
| 九 | **国家优质投资项目奖** | |
| 1 | 宁东—山东±660kV直流输电示范工程 | 2013年 |
| 2 | 锦屏—苏南±800kV特高压直流输电工程 | 2015年 |
| 3 | 皖电东送淮南至上海特高压交流输电示范工程 | 2017年 |
| 十 | **国际卓越项目管理银奖** | |
| 1 | 新疆昌吉至安徽古泉±1100kV特高压直流输电工程 | 2019年 |
| 十一 | **国家水土保持生态文明工程** | |
| 1 | 青海—西藏±400kV直流联网工程 | 2013年 |
| 十二 | **国家水土保持示范工程** | |
| 1 | 张北—雄安1000kV特高压交流输变电工程 | 2021年 |

工程建设的丰富经验和辉煌业绩，充分体现了公司在电网工程建设领域所具备的实力、领先

技术和过硬队伍，也充分彰显了特高压工程建设管理专业化公司的价值所在。新发展阶段，站在新起点上，为全面推动公司高质量发展，需要进一步加强技术传承与经验共享，高效推动着公司在传承中创新，在创新中发展。

2. 科技项目研究成果

创新是国网特高压公司发展的不竭动力，是保持专业化优势的唯一途径。公司最大的优势在于技术、人才和经验。科技创新是公司保持三个优势的必要条件。公司认真贯彻习近平总书记关于科技工作的重要论述，全面落实国家电网公司科技创新工作的各项决策部署，坚持问题导向、立足工程实践开展科学研究，注重研究成果挖掘，强化成果推广应用，取得了良好的工作成效，在助推特高压工程建设方面发挥了显著作用。

（1）开展关键技术科研攻关。国网特高压公司科技工作始终坚持创新引领施工技术进步，围绕服务工程建设实际需要，紧盯工程建设一线，针对特高压工程新技术、特殊地质地形条件，以及绿色环保施工、机械化作业等工程建设新要求，有序组织开展各类专题研究，解决了新一代大容量特高压直流输电技术开发及装备研制、解体式特高压变压器安装技术等一系列技术难题，取得了交流特高压环保运输重型索道关键技术及应用等一大批实用型科技成果，为特高压交流、直流工程高质量建设提供了有力支撑。

（2）创新研制先进施工装备。国网特高压公司密切跟踪特高压工程新技术、新工艺、新材料、新设备，公司科技工作着眼于工程本质安全和质量水平的提升，以工程现场为创新实践场所，着力开展关键技术研究，创新研制了适用1000kV气体绝缘开关（GIS）/气体绝缘复合电器（HGIS）安装的移动厂房、移动防尘室，1000kV特高压变压器现场安装的真空滤油机、真空泵、干燥空气发生器等全套施工装备；针对不同技术路线，研制了换流变压器阀侧套管安装专用吊装工具；研制了1000kV GIL运输、安装专用机具；研制了适合复杂地质地形条件线路基坑开挖的小型旋挖机械等一系列施工装备，以创新成果满足现场实际需求，实现施工装备技术的创新引领，服务特高压工程安全、优质、高效建设。

截至2022年10月，“十三五”以来公司参与攻关的科技项目中，84项获得国家电网公司及以上科技奖项，其中76项获得电力行业科技奖项（其中特等奖1项、创新大奖1项、一等奖10项），8项获得国家电网公司科技奖项（其中特等奖3项、一等奖4项）。科技项目获奖情况详见附录2。

服务和支撑特高压工程高质量、高标准、高效率建设，是特高压工程建设领域从事科研工作的出发点和落脚点。先进的科研成果如不能实现工程应用，便是科研资源的极大浪费。为全力打造特高压施工技术（装备）引领中心，需优化完善涵盖技术研究、总结提炼、推广应用、持续提升的全过程科技管理机制，推动技术先进、安全可靠、经济合理的科技成果在特高压工程中推广应用，提升特高压工程建设技术标准化水平。

3. 技术标准制（修）订成果

国家电网公司在发布的《国家电网公司技术标准发展纲要》中提出，要立足新发展阶段、贯彻新发展理念、构建新发展格局，以公司发展战略为指引，以科技创新和制度创新为动力，优化标准治理结构，增强标准治理能力，提升标准国际化水平，充分发挥技术标准引领、支撑和保障作用，加快构建推动国家电网公司电网高质量发展的新型技术标准体系，为加快构建新型电力系统、全面建设具有中国特色国际领先的能源互联网企业提供有力支撑。

公司高度重视技术标准工作，紧密围绕特高压工程建设各专业领域技术难点与发展方向，加强与相关标准管理部门沟通对接，主动分析、积极谋划，参与国家标准、行业标准、企业标准、团体标准布局，在科研计划中合理安排技术标准研究项目，注重特高压工程建设管理和技术实践经验的总结提炼，注重科技成果挖掘工作，有序推动标准制修订工作，充分发挥公司在特高压建设标准化领域的专业优势。截至2022年10月，国网特高压公司共组织编制发布153项技术标准，其中国家标准11项，电力行业标准35项，国家电网公司企业标准101项，电力团体标准6项，具体技术标准清单详见附录3。在已完成的技术标准成果中，《特高压钢管塔及钢管构架加工技术规程》获中国电机工程学会标准贡献一等奖，《±1100kV换流站换流阀施工及验收规范》等15项标准获2020年度国家电网公司科技进步奖二等奖。通过科技成果挖掘形成的一批技术标准，有力推动了特高压工程的标准化建设，有效提升了高工程建设的管理效率和效益，显著提升了公司在特高压建设领域的影响力和话语权，彰显了公司的专业引领价值。

作为特高压电网建设管理专业化公司，为全力打造特高压建设标准规范制定中心，推动技术标准落地应用，一是要针对特高压工程建设实际需求，建立完善特高压工程建设技术标准体系，服务于工程现场标准化建设；二是要全面梳理基建与运行业标准差异，精准分析差异点，明确对标准差异公司层面的执行意见或建议；三是要加强常用关键技术标准的条文解读，深入了解标准编制背景，统一标准条文的理解认识，为进一步深化应用、正确应用奠定基础。

4. 专利申报成果

为进一步激发公司创新活力，推动知识创造与保护，公司积极组织科技创新成果挖掘，策划特高压先进施工技术与装备专利布局，及时申报专利、保护原创成果，提升发明专利数量和质量。截至2022年10月，公司作为主要完成单位，累计获得仍处于有效期的授权专利251项，其中发明专利48项、实用新型专利201项，外观设计2项。有效授权专利清单详见附录4。

根据国家电网公司关于进一步做好专利评价、处置及运营工作的安排，需要全面梳理已获得授权专利情况，开展专利价值评价，划分重要等级，明确专利处置方案，为后续专利申报指明方向，推动追求专利数量向专利质量的转变，促进专利管理提质增效。

特高压电网是构建新型电力系统、建设新能源供给消纳体系、助力“双碳”目标实现的“主战场”，公司作为特高压电网建设的“主力军”和“国家队”，在过去取得优异成绩和丰硕成果的基础上，必须牢牢抓住特高压大规模发展、国家加快推进重大项目落地建设的战略机遇，充分发挥专业优势，传承共享好工程建设的先进技术和典型经验，完善工程建设成果总结提炼、推广应用、持续提升的工作机制，高质量输出标准化成果，高标准、高效率建设高质量的特高压精品工程，在推进特高压工程大规模建设中挑大梁、担重任、当标杆。

## 第四节　专业价值引领亟需新手段

国网特高压公司于2021年7月在原国网交流公司、国网直流公司的基础上重组整合而成。原国网交流公司、国网直流公司自成立开始，一直从事电网建设管理业务。作为国家电网公司唯一的特高压工程建设管理专业化公司，公司的发展备受关注，公司的专业价值如何发挥、专业引领作用如何体现，对于公司高质量发展和特高压工程高质量建设都至关重要。公司在2021年年中工作会议上提出，要聚焦特高压电网建设“核心主业”，贡献建设优质精品工程、打造坚强智能电网“核心价值”，实现公司在电网建设领域的“三个引领”（建设管理引领、科技创新引领、专业人才引领），指明了公司专业价值引领的方向，赋予了专业价值引领新的内涵。

1. 实现建设管理引领

建设管理引领就是要统筹特高压工程项目管理，以全过程标准化建设为抓手，实现各环节的协同管理，推动工程品质升级；由内及外打造“国网特高压建设公司品牌”工地，全力以赴建设优质精品特高压工程；通过经验总结、标准化管理成果升级，加快向企业标准、行业标准、团体标准、国家标准和国际标准转化，树立“行业典范”；针对同行业单位，输出标准化管理经验，开展技术统筹，实现“手拉手、齐步走”，带动提升国家电网整体建设水平；针对重要工程开展管理支撑，在关键环节把控、监督检查方面作文章。

2. 实现科技创新引领

科技创新引领就是要以“建科研生态、解工程难题、谋前沿发展”为重点，以数字化、智能化现场管控为抓手，立足于安全管控更加便捷、质量提升更为有效、施工效益更加显著，强化特高压工程施工工器具创新和工法创新；动态掌握设计、施工、设备相关成熟先进技术，研究形成特高压工程推荐技术目录，保障工程应用技术的先进性；坚持问题导向，围绕工程设计、施工、设备技术短板，协同开展针对性专题攻关。

3. 实现专业人才引领

专业人才引领就是总结提炼已有专业经验，做好交流共享和传承，扬优势、补短板、稳推进，通过主导现场问题解决，逐步具备工程建设全领域的专业能力；依托特高压工程建设平台，充分培养锻炼公司人才队伍，争当“行业能手”，为特高压电网高质量建设提供智力支持和人才保障。

根据公司实现电网建设领域“三个引领”的具体要求，“三个引领”是相互协同、有机衔接的，建设管理引领、科技创新引领为专业人才引领提供重要平台，科技创新引领为建设管理引领提供重要支撑，人才引领为建设管理引领、科技创新引领提供智力支持和人才保障。实现“三个引领”的根本，在于巩固和发扬公司最大的三个优势——技术优势、经验优势和人才优势，将三大优势全面体现在高质量推进特高压工程建设中，并获得业内广泛认可。实现高质量标准化成果输出，也是专业价值引领的重要标志和具体体现。标准化成果输出，如何结合现代信息技术，有效实现成果挖掘与聚合；如何紧盯工程现场一线需求，有效实现精准对接和按需推送；如何为工程现场准备工具包，最有效地提供精准的技术服务；这些都需要我们进一步创新工作手段和方式，共享特高压建设成果，发挥专业公司的引领作用，带动提升特高压工程整体建设水平。

面对新形势、新要求和新机遇，公司迫切需要充分发挥二十多年来深耕电网工程建设管理的专业优势，通过数字化手段，系统梳理特高压工程建设技术标准、管理制度，编制工程建设全业务流程；补充完善特高压工程专有工艺标准、典型工法、典型设计方案；提炼专业管理典型经验、分析工程建设典型案例；全面梳理公司已形成的科技项目、管理创新项目、专利项目等成果，制定特高压工程施工技术（装备）推广应用清单；研究制定推动标准工艺落地措施，展示现场工艺亮点；建立专业技术交流与培训平台，为推动特高压工程高质量建设和公司高质量发展奠定基础。为此，公司在 2021 年年中工作会议上，围绕推进特高压工程项目标准化建设，首次提出建立特高压工程技术标准库、标准工艺库、典型经验库、典型案例库、科技成果库和项目标准化与知识管理平台，全面开启了“五库一平台”建设的新征程。

# 第二章　建设目标与思路

“五库一平台”既是一个有机统一的整体，又各有侧重、相互独立。技术标准库通过提供特高压工程建设标准指导工程“建成什么样”，标准工艺库通过提供特高压工程建设工艺标准、典型施工方法指导工程现场“怎么建”才能达到标准，典型经验库通过经验总结对工程建设起到“正面引导”作用，典型案例库通过案例分析为工程建设提供“负面警示”，科技成果库通过创新实践、成果转化支撑技术标准库、标准工艺库和典型经验库的建设；各库之间相互支撑，形成完整的内容体系。项目标准化与知识管理平台一方面实现“五库”的管理功能，另一方面为公司专业管理人员提供技术交流与专业培训。从分工来看，“五库”提供专业内容，“平台”实现管理功能；两者相辅相成，互为补充。

为了高质量建设特高压工程“五库一平台”，公司组织编制了“五库一平台”建设方案。方案结合专业公司的优势、当前面临的形势和未来发展的趋势，明确了“五库一平台”的目标定位和建设思路。

## 第一节　目　标　定　位

### 1. “五库一平台”定位

“五库一平台”坚持面向工程建设现场、服务工程建设管理，以数字化平台为载体，系统梳理总结特高压工程标准化成果，推动工程项目标准化建设水平提升，目标是要努力打造成特高压工程项目标准化应用平台、经验传承共享平台、专业交流学习平台，服务于公司“三个引领”目标实现。

“五库一平台”是一个广泛的概念，既不是工程现场管控系统，也不是简单的信息系统，而是致力于打造以管理与技术标准化成果为核心内容的工程建设管理“工具箱”，包括“五库”和“平台”两个方面的建设内容。结合工程现场的实际需求和认识的不断深化，“五库”的建设内容除了初期考虑的技术标准库、标准工艺库、典型经验库、典型案例库、科技成果库外，还延伸涵盖了制度流程、现场应用、工程资料、技术交流和技术培训5个板块，总体注重项目标准化成果的内容建设。“平台”的建设主要是通过数字化手段，打造实用、管用、好用的功能模块，服务于项目标准化成果的应用。

### 2. “五库一平台”建设目标

打造项目标准化应用平台。通过梳理总结项目标准化成果，系统制定推动成果落地见效措施，打造项目标准化应用平台。一是系统梳理特高压工程建设相关技术标准，同时涵盖工程设计、设备材料、运行检修、技术监督等方面；结合基建与运行标准差异，开展差异分析，明确执行意见或建议，对于重点技术标准，开展标准条文解读，统一理解认识。二是总结提炼国家电网公司、公司组织编制形成的工艺标准、典型施工方法，指导现场施工作业。三是研究制定推动标准工艺落地见效的措施，在标准工艺执行的计划制定、过程管控、监督检查等环节提供有效管理手段，推动标准工艺落地见效。

打造经验传承共享平台。通过总结编制工程典型经验与典型案例、标准化工作手册和工程建设全业务流程，打造经验传承共享平台。一是总结提炼工程建设过程中可推广的典型经验，指导后续工程高质量建设；总结分析出现的问题教训，避免类似问题重复发生。二是传承发扬国网特高压公司在工程建设管理方面的经验优势，编制各专业标准化工作手册，绘制项目管理全业务管理流程，指导工程标准化建设。三是系统梳理业主项目部各专业履职清单，明确每项工作内容的工作依据、工作标准、工作模板，推动工程现场标准化、规范化履职。

打造专业交流学习平台。通过设置技术交流和技术培训专区，打造专业交流学习平台。一是设置技术交流专区，鼓励专业人员通过平台进行问题提出和专业解答，推动专业间沟通交流，提升专业人员思考深度，营造技术交流良好氛围；二是设置技术培训专区，汇集各专业技术培训课件资料，方便专业人员随时开展线上培训学习，提升专业技能。

## 第二节　建　设　思　路

### 1. “五库一平台”建设原则

“五库一平台”建设涉及覆盖范围广、专业类别全、成果文件多、应用需求强，同时建设成果应具备高标准、高质量、高时效特点。为此，“五库一平台”的建设应始终坚持共商共建共享、面向工程建设现场、服务工程建设管理的原则。

（1）共商共建共享的建设原则。习近平总书记在中央政治局就全球治理格局和全球治理体制进行第二十七次集体学习时指出，要推动全球治理理念创新发展，积极发掘中华文化中积极的处世之道和治理理念同当今时代的共鸣点，继续丰富打造人类命运共同体等主张，弘扬共商共建共享的全球治理理念。此处提出的共商共建共享，是指共商共同经营经济，共建共同美好家园，共享双方双赢。

结合“五库一平台”的定位和特点，建设过程中同样需要遵循共商共建共享的理念。共商指要全面征求国网特高压公司各专业部门、各工程建设部的意见，充分发挥各专业优势和建设经验，共同商讨“五库一平台”的建设内容、成果展现、应用功能等，共同抓好顶层设计；共建指充分发挥各专业部门的牵头作用，广泛吸纳各工程建设部专业人员共同参与成果编制与功能开发，同时组织国家电网公司系统内部专家对建设成果审查把关，共同确保建设成效；共享指国网特高压公司各专业管理人员均可应用建设成果，具备条件时也可对国家电网公司系统内其他单位开放应用，带动提升特高压工程标准化建设整体水平。

（2）面向工程现场、服务工程管理的建设原则。“五库一平台”的生命力在于广泛的应用、有效的反馈和动态的更新完善。只有实现平台广泛的应用，才能得到用户有效的反馈；只有用户有效的反馈，才能精准掌握成果文件和平台功能的不足之处，从而能够及时地进行动态更新与优化完善，再次推动平台的积极应用，形成良性循环和有效迭代。建设过程中要牢牢把握“五库一平台”的出发点和落脚点，那就是以特高压工程建设管理业务为主线，以工程建设需求、现场应用为中心，确保建设的成果要具有指导性、时效性、实用性、互动性等特点。

1）指导性。指导性指聚焦工程现场，全面梳理特高压工程建设过程中的各专业管理需求，总结、提炼、编制针对性的成果文件，切实有效地指导现场建设管理和施工作业。

2）时效性。时效性指及时跟踪技术标准、管理制度、标准工艺的发布情况，做好成果文件的动态更新，确保文件时效性。

3）实用性。实用性指结合工程建设管理实际，组织建立成果文件与专业类别、实体类别，进度计划与工程实体的关联关系，实现方便快捷的应用体验。

4）互动性。互动性指建立应用情况反馈机制，简化反馈流程环节，设置线上反馈专门通道，第一时间获取应用意见或建议，吸纳新增成果文件；设置线上技术交流专区，鼓励开展技术领域专业问题探讨，营造浓厚的专业学习氛围。

### 2. “五库一平台”建设思路

“五库一平台”以数字化平台为载体，统一顶层设计、统一成果编制、统一应用开发，全面系统梳理特高压工程技术标准、科技成果，汇编项目管理制度、统一项目管理流程，补充完善标准工艺、典型施工方法、典型设计方案，提炼专业管理典型经验、分析工程建设典型案例，研究制定标准工艺落地措施、梳理工程重要资料，展现现场工艺亮点，搭建技术交流与培训平台，形成特高压工程技术标准库、标准工艺库、典型经验库、典型案例库、科技成果库以及特高压工程项目标准化与知识管理平台。建设思路的总体框架如图 2－1 所示。

图 2－1　特高压工程“五库一平台”建设框架

# 第三章　建　设　内　容

自 2021 年 9 月确定总本建设方案以来，国网特高压公司各专业部门、各工程建设部积极参与建设，经过方案策划、分期建设、专业研讨、应用上线四个阶段，历时 266 天，完成涉及土建、电气、设备、安全、技经、环保水保、档案等 9 类专业成果文件，形成技术标准、管理制度、标准工艺、典型经验与案例等 4500 余项成果，实现跨库全文检索、成果按需推送、标准条文解读等 12 项实用功能，于 2022 年 6 月 5 日完成“五库一平台”建设并上线应用。

1. 方案策划

2021 年 9～10 月，编制印发总体建设初步方案；形成“五库”内容编制模板；确定特高压工程项目标准化与知识管理平台功能开发方案。

2. 分期建设

2021 年 10 月～2022 年 3 月，启动一期建设，开展技术标准、标准工艺、典型经验、典型案例、科技成果等内容编制及功能开发。

2022 年 4～5 月，启动二期建设，开展制度流程、标准工艺落地措施、工程资料等编制及功能开发。

3. 专业研讨

2021 年 10 月～2022 年 5 月，组织编制平台一期、二期相关成果文件清单并征求意见；组织开展成果文件专业研讨、审核把关；开展工程项目标准化与知识管理平台功能开发。

4. 应用上线

2022 年 4 月，平台一期建设内容及功能正式上线应用；2022 年 6 月，平台二期建设内容及功能正式上线应用。

“五库一平台”建设内容包括技术标准库、标准工艺库、典型经验库、典型案例库、科技成果库、制度流程、现场应用、重要工程资料、技术交流、技术培训十个模块。

## 第一节　技 术 标 准 库

技术标准作为标准化活动的重要成果，在促进科技成果转化应用、引领施工技术（装备）发展、支撑工程高质量建设中发挥着重要作用。技术标准体系是指导公司技术标准工作的重要文件，是公司制（修）订技术标准工作计划、工程建设过程中落实技术标准要求的主要依据，在技术标准化管理中具有非常重要的指导作用。为进一步深化特高压工程建设技术标准的学习应用，统一常用技术标准的理解，推动技术标准在工程现场落地见效，引导技术标准制（修）订工作，围绕技术标准、技术标准差异分析两个方面建设技术标准库。技术标准库全景展示如图 3－1 所示。

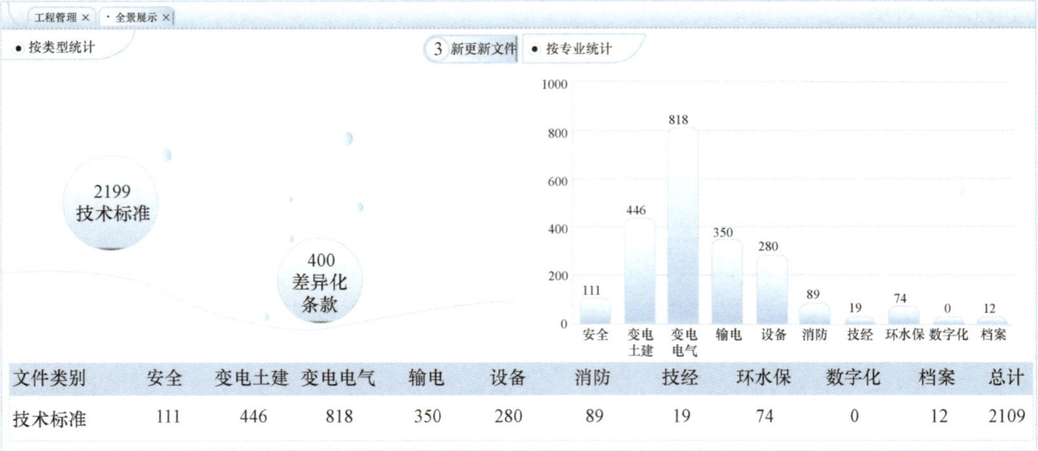


图 3-1　技术标准库全景展示（单位：项）

### 1. 技术标准

参照《国家电网有限公司技术标准体系表（2022 版）》，结合特高压工程建设技术标准应用的实际需求，公司按照“结构合理、规模适度、实用有效”的总体原则，建立以专业为主线、兼顾建设流程的特高压工程建设技术标准体系框架，具体见附录 5。根据技术标准体系框架，系统梳理现行国家、行业、企业、团体有关特高压工程设计、建设、设备、试验计量、安全环保等领域的技术标准，整理形成适用于特高压工程建设的技术标准清单，收集相关技术标准文本。

考虑工程建设各环节间紧密衔接的客观因素，技术标准清单范围适度向规划设计、运维检修等环节延伸，涵盖工程设计、设备材料、运行检修、技术监督等方面技术标准。结合高压工程建设专业管理实际、工程现场应用需求以及工程建设关键管控环节涉及的工程实体，所有技术标准均按照专业类别、工程实体类别进行划分。技术标准清单模板见附录 6。

（1）专业类别。结合特高压工程建设管理和公司专业管理实际，专业类别分为变电土建、变电电气、输电线路、设备、安全、消防、技经、环保水保、档案与数字化 9 个类别。

（2）工程实体类别。工程实体分为变电土建、变电电气和输电 3 大类。结合工程建设重点，变电土建具体细分为工程全站、主控楼、阀厅、其他建筑物、设备基础及防火墙、油池/水池、构支架及设备支架、水工暖通消防及给排水系统、道路广场、电缆沟道、围墙及护坡 11 个类别；变电电气具体细分为工程全站、换流变压器、换流阀、1000kV 变压器、GIS 配电装置、1000kV 电抗器、直流断路器、调相机、滤波及无功设备、其他一次设备、控保与调试、其他二次设备 12 个类别；输电具体细分为工程全线、线路塔基、线路铁塔、架空线路及附件 4 个类别。

截至 2022 年 10 月，梳理形成技术标准 2002 项（文件数量 2199 个），其中国家标准 953 项、行业标准 515 项、企业标准 530 项、团体标准 4 项。技术标准库“技术标准”模块如图 3-2 所示。

### 2. 技术标准差异分析

近年来，国家电网公司技术标准体系建设工作进展迅速，在特高压工程规划设计、设备制造、工程建设、运维检修等各阶段发布了大量技术标准与技术文件，涉及企业、团体、行业、国家各个层面，对特高压电网发展起到重要支撑作用。由于各环节标准侧重点不同，各层面标准归口管理单位不同，不可避免造成工程各阶段的某些标准条款间存在差异，不利于技术标准落地实施。

图 3-2 技术标准库“技术标准”模块

为有效解决技术标准条款间差异，统一标准执行意见建议，结合特高压工程建设技术标准执行过程中发现的问题，组织梳理基建标准之间、基建与运行业标准之间的差异，结合差异标准条文，精准分析标准之间的差异点，明确公司层面执行意见或建议，并将上述差异内容按工程实体划分。技术标准差异分析模板见附录 7。

截至 2022 年 10 月，总结提炼基建、运行业标准差异 400 项，其中涉及变电工程 281 项、输电工程 119 项。技术标准差异分析如图 3-3 所示。

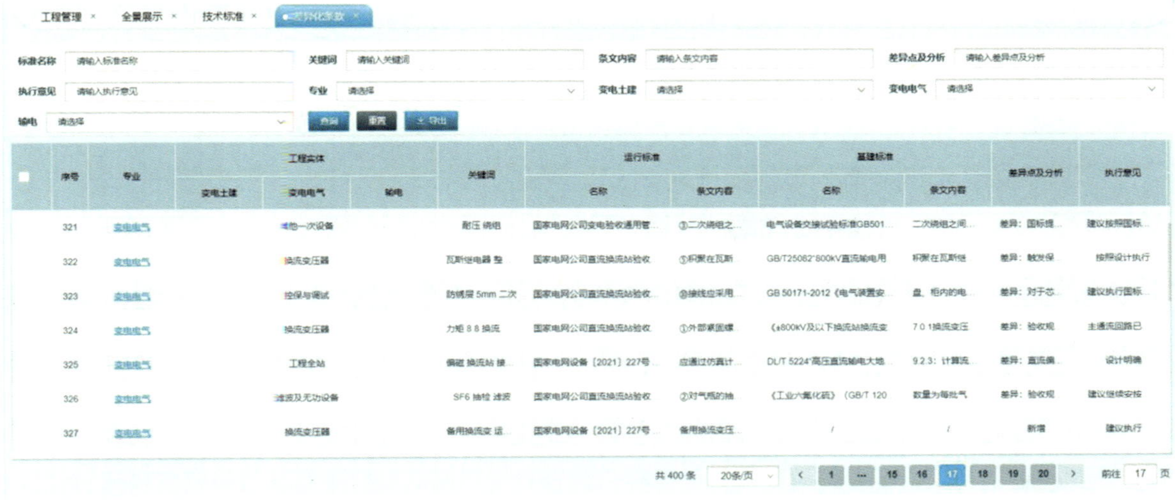

图 3-3 技术标准差异分析

## 第二节 标准工艺库

标准工艺对统一施工工艺要求、规范施工工艺行为、严格工艺纪律、提高施工工艺水平，推动施工技术水平和工程建设质量的提升具有重要意义。

为进一步推动标准工艺深化研究、应用和落地，提升特高压工程建设质量工艺水平，促进公司施工工艺管理经验的推广，梳理分析国家电网公司发布的标准工艺，一是沿用适用于特高压工程方面的工艺标准内容，二是结合工程中已应用的新设备、新要求、新工艺，编制特高压工程专有工艺标准、典型施工方法，三是补充完善特高压变电工程上已成熟应用的，并且未纳入国家电网公司标准工艺的工艺标准、典型施工方法。标准工艺库全景如图 3-4 所示。

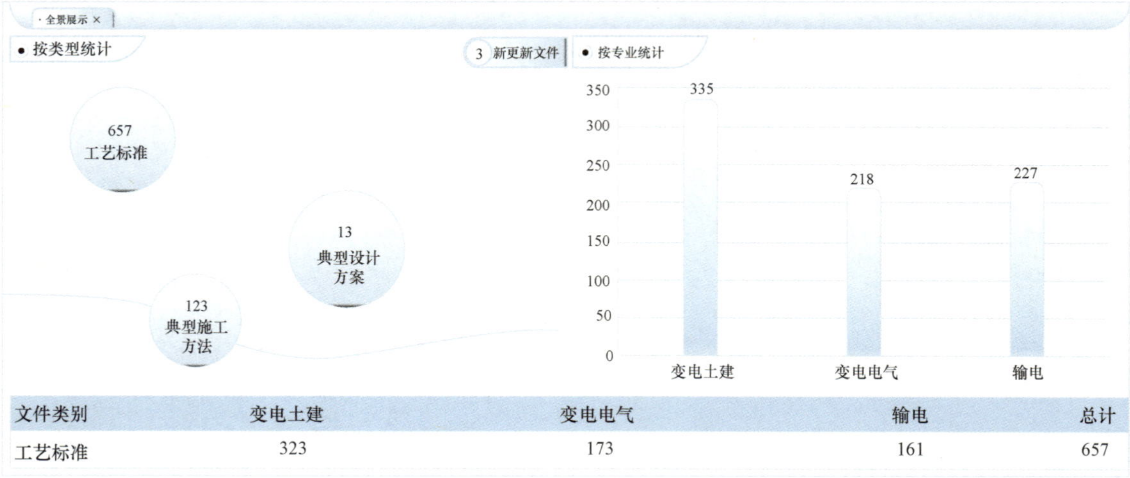


图 3-4 标准工艺库全景（单位：项）

### 1. 工艺标准

根据国家电网公司工艺标准成果，补充编制特高压工程专有工艺标准，形成国家电网公司级、公司级两级的特高压工程工艺标准清单及相应成果文件，并按照所属类别、专业类别、工程实体类别进行划分。其中，所属类别的划分参照国家电网公司 2016 版工艺标准架构体系，专业类别分为变电土建、变电电气、架空线路结构、架空线路电气。工艺标准清单及编制模板见附录 8、附录 9。

截至 2022 年 10 月，累计形成工艺标准 655 项（文件数量 657 个），其中变电土建 323 项、变电电气 172 项、架空线路结构 72 项、架空线路电气 88 项。工艺标准如图 3-5 所示。

图 3-5 工艺标准

### 2. 典型施工方法

根据国家电网公司典型施工方法成果，完善和补充特高压工程专有典型施工方法，形成国家电网公司级、公司级两级特高压工程典型施工方法清单及相应成果文件，并按照专业类别、工程实体类别进行划分，其中，专业类别分为变电土建、变电电气、输电。典型施工方法清单及编制模板见附录 10、附录 11。

截至 2022 年 10 月，累计形成典型施工方法 123 项，其中变电土建 45 项、变电电气 12 项、输电 66 项。典型施工方法如图 3 - 6 所示。

图 3 - 6　典型施工方法

### 3. 典型设计方案

在充分吸收以往特高压工程建设经验的基础上，依托工程优化设计成果，统一设计原则，形成具有参考性的典型设计方案清单及成果文件，指导后续工程设计，促进工程建设质量和效率提升。典型设计方案按专业类别划分，具体分为变电土建、变电电气、架空线路结构、架空线路电气。典型设计方案清单模板见附录 12。

截至 2022 年 10 月，累计形成典型设计方案 13 项，均为变电土建部分。典型设计方案如图 3 - 7 所示。

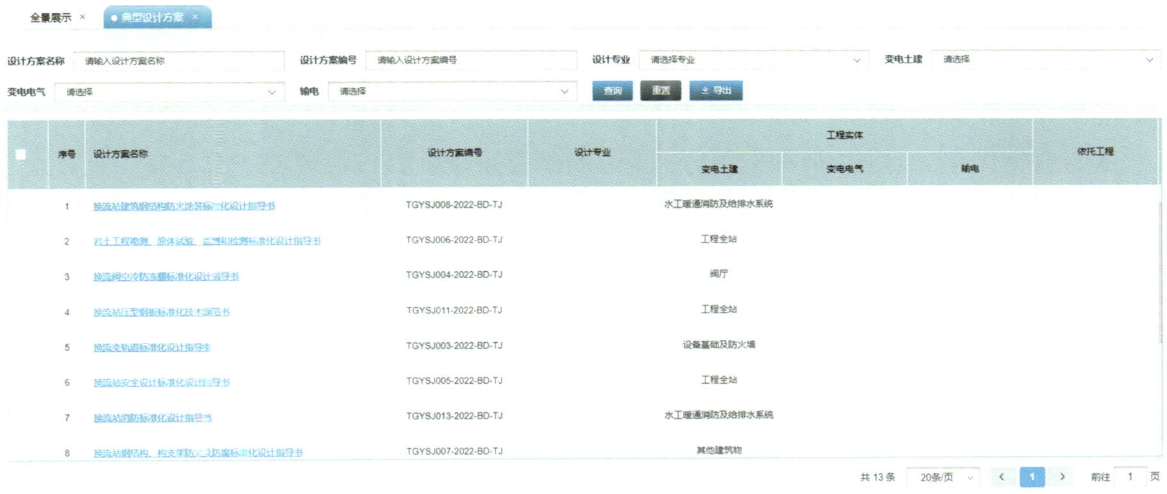


图 3 - 7　典型设计方案

## 第三节　典型经验库

为传承和发扬国网特高压公司在工程建设领域二十余年的建设管理经验和技术优势，总结提炼工程设计、设备监造、现场施工、系统调试过程中一些可推广的典型经验，重点体现工作创新点、实施要点、适用范围以及所依托工程等，指导后续工程高质量建设。典型经验清单按照专业类别、工程实体类别进行划分，其中，专业类别分为变电土建、变电电气、输电线路、设备、安全、消防、技经、环保水保、档案与数字化 9 个类别。典型经验清单及编制模板见附录 13、附录 14。

截至 2022 年 10 月，累计共总结形成典型经验 199 项，其中变电土建 51 项、变电电气 124 项、技经 10 项、环保水保 8 项、档案 6 项。典型经验库如图 3-8 所示。

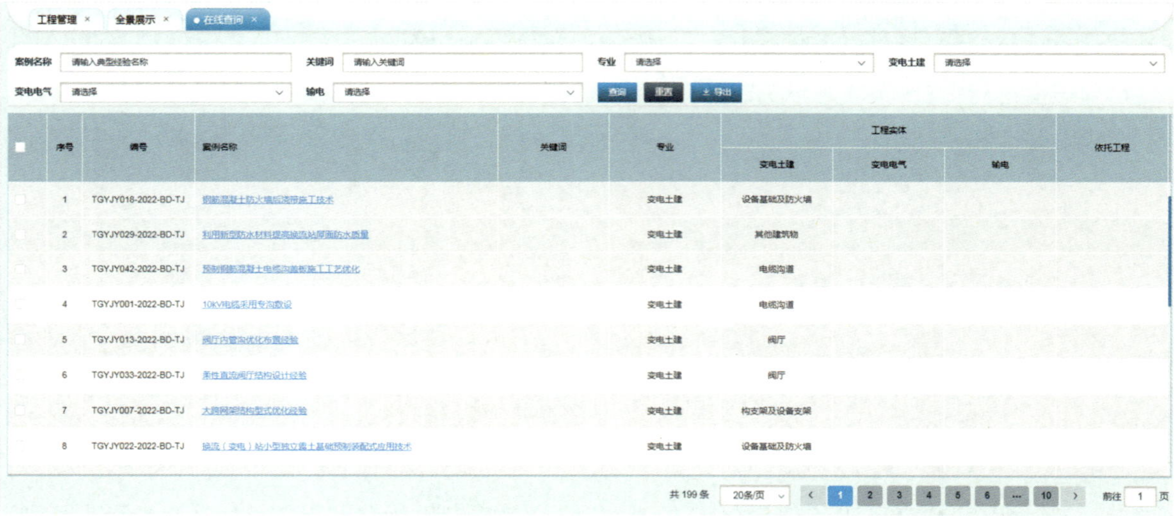


图 3-8　典型经验库

## 第四节　典型案例库

总结分析工程设计、设备监造、现场施工、系统调试中出现的问题教训，形成典型案例，重点体现事件描述、事件分析、解决措施/处理原则/指导意见、改进建议/工作启示等，供后续工程建设过程中开展排查，避免类似问题重复发生。典型经验清单按照专业类别、工程实体类别进行划分。其中，专业类别分为变电土建、变电电气、输电线路、设备、安全、消防、技经、环保水保、档案与数字化 9 个类别。典型案例清单及编制模板见附录 15、附录 16。

截至 2022 年 10 月，累计共总结形成典型案例 519 项，其中变电土建 42 项、变电电气 120 项、输电 60 项、创优 63 项、技经 86 项、环水环保 8 项、档案 10 项。典型案例库如图 3-9 所示。

图 3-9　典型案例库

# 第五节 科技成果库

从国家层面，科学技术是第一生产力，创新是引领发展的第一动力，国家将科技创新摆在发展全局的核心位置，加快推动实施创新驱动发展战略；从特高压工程层面，科技工作是解决工程难题的重要手段，也是提升工程安全、质量、效率的重要抓手；从国网特高压公司层面，科技工作是专业公司的立足之本，是实现“三个引领”的重要基础，是科技创新引领的主要抓手，是专业人才引领的重要助推器，也是建设管理引领的有力支撑；从个人层面，从事科技工作有助于全面系统掌握技术问题的关键，了解专业技术发展的前沿，是个人成长为技术专家的必由之路，是专业人才成长的重要平台。

为指导国网特高压公司高质量开展科技攻关，推动科技成果在工程建设中推广应用，充分发挥科技创新在实现公司专业价值方面的引领作用，梳理总结公司已组织研究形成的科技成果，编制成果推广应用清单，建立科技项目储备库，常态化储备科研项目。科技成果库包括科技成果和科技项目储备库两个方面内容。

## 1. 科技成果

科技成果包括国网特高压公司形成的科研项目成果、管理创新成果、技术标准制修订成果、专利成果、QC 成果，梳理并编制形成成果清单及其成果文件，并结合研究对象，对科技成果按工程实体类别划分。科技成果清单模板见附录 17。

科技成果结合工程特点和适用范围，编制形成成果推广应用清单，推动纳入工程设计方案、施工或设备招标文件，确保成果应用落地。

截至 2022 年 10 月，累计形成科技成果 466 项，其中科技项目成果 167 项、管理创新成果 139 项、QC 成果 19 项、技术标准成果 141 项。科技成果如图 3-10 所示。

图 3-10 科技成果

## 2. 科技项目储备库

为进一步推动科技项目需求发现机制和常态化储备机制建立，服务特高压施工技术（装备）引领中心打造，公司聚焦工程建设一线，以问题为导向，结合工程建设实际和当前施工技术现状，精准挖掘各专业领域存在问题及未来发展方向，针对性提出储备项目建议，为项目立项打下坚实基础。科技项目储备重点包括存在问题及需求必要性分析、国内外研究现状、研究内容、预期目标及成果指标、成果应用场景及转化前景等。科技项目储备清单模板见附录 18。

## 第六节　制　度　流　程

标准化是推进特高压工程高质量建设的有效手段，是提升工程建设管理水平，提升工程建设质量和效率，提升公司品牌形象、促进专业人才成长的关键。

为全面推进特高压工程建设管理制度化、业务流程化、操作标准化，在系统总结特高压工程建设管理经验的基础上，全面梳理形成特高压工程建设管理制度体系，编制特高压工程建设全业务流程，列明业主项目部各专业职责清单，明确业主项目部工作模板，统一特高压工程建设流程，统一公司工作任务，统一业主项目部职责清单，建立业务清晰、职责明确、标准统一的工程建设管理体系，切实提升特高压工程建设标准化、规范化管理水平。

制度流程包括管理制度、管理流程、业主项目部履责清单与工作模板三个方面的内容。

### 1. 管理制度

梳理国家电网公司、国网特高压公司印发的工程建设全过程有关管理制度、指导性意见、标准化工作手册等，以及工程项目管理纲要、大纲、策划等，建立基于国网公司级、公司级、工程项目级的三级特高压工程建设管理制度体系，体系图见附录 19（见文后插页）。在管理制度体系的指导下，汇编形成特高压工程项目管理制度清单及文本内容，并按照项目管理、安全管理、质量管理、技术管理、造价管理、环水环保管理、档案管理、财务管理、物资管理进行专业类别划分。

截至 2022 年 10 月，累计形成特高压工程建设管理制度 186 项，其中，国家电网公司级管理制度共 145 项（含特高压工程专有制度 51 项）、中国施工企业管理协会 1 项、中国建筑业协会 1 项、中国电力建设企业协会 1 项、公司级管理制度 38 项，管理制度清单见附录 20。按照专业划分，其中项目管理 44 项、安全管理 30 项、质量管理 28 项、技术管理 32 项、档案管理 13 项、造价管理 12 项、财务管理 10 项、环水保管理 7 项、物资管理 10 项。管理制度如图 3-11 所示。

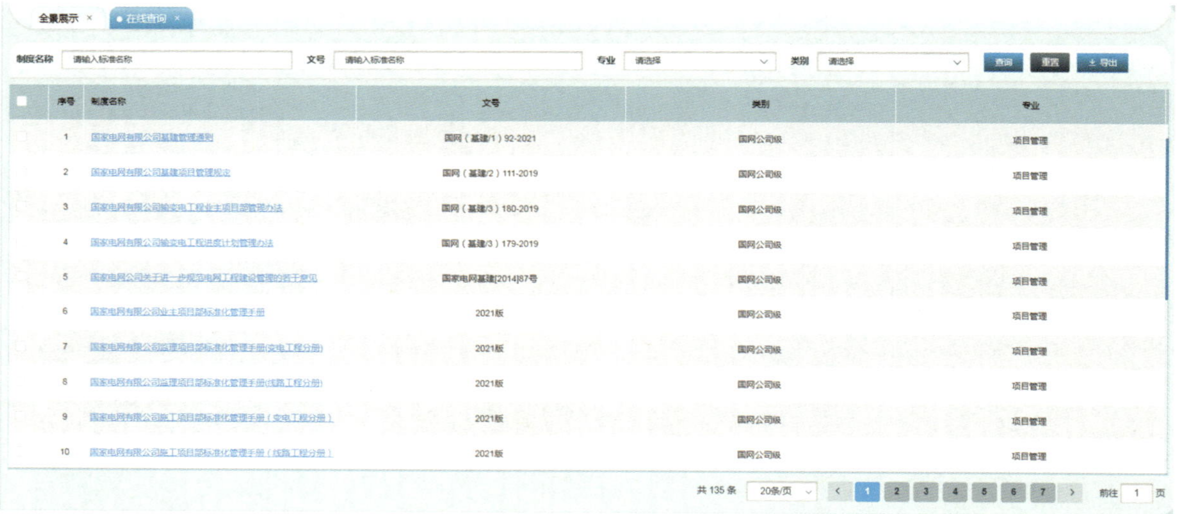


图 3-11　管理制度

### 2. 管理流程

在特高压工程建设管理制度体系的基础上，全面梳理特高压工程项目前期、工程前期、工程建设及工程后期各阶段管理业务，编制了特高压工程建设全业务流程和公司承担的工作任务，统一了特高压工程建设各阶段‘干什么、谁来干、怎么干、干成什么样”，指出了各项业务流程的工作要点；在此基础上，列明了业主项目部各专业职责清单。通过特高压工程建设全业务流程图、项目管理主要工作任务表、业主项目部履责清单（“一图一表一清单”），统一特高压工程建设流程，统一公司工作任务，统一业主项目部职责清单，建立业务清晰、职责明确、标准统一的工程建设管理流程体系，提升特高压工程建设标准化、规范化管理水平。特高压工程建设全业务流程图详见附录 21（见文后插页）。

特高压工程建设业务流程按项目前期、工程前期、工程建设与工程后期四个阶段划分，其中工程建设阶段业务流程分别按照工程关键环节管理、项目管理、安全管理、质量管理、物资管理、技术及档案管理、造价及财务管理、环水保管理进行划分。

截至 2022 年 10 月，累计编制形成 102 项二级业务流程图，其中项目前期 1 项、工程前期 24 项、工程建设 59 项、工程后期 18 项。工程建设阶段，按专业划分，工程关键环节管理 7 项、项目管理 8 项、安全管理 8 项、质量管理 10 项、物资管理 5 项、技术及档案管理 10 项、造价及财务管理 8 项、环水保管理 3 项。

3. 业主项目部履责清单与工作模板

在国家电网公司通用制度和特高压工程建设管理体系基础上，以国网特高压公司工程建设、安全质量、技经财务等管理制度为依据，充分考虑特高压工程的实践经验和特殊要求，系统梳理特高压工程现场建设管理各专业工作任务及相关工作内容，明晰公司业主项目部各专业职责，规范特高压工程现场建设管理。在工作内容的基础上，梳理形成业主项目部工作模板，支撑业主项目部各专业管理工作的高效开展。工作任务及相关工作内容按照项目管理、安全管理、质量管理、物资管理、技术管理、技经管理、环水环保管理 7 个专业进行划分。

截至 2022 年 10 月，累计形成业主项目部 203 项工作任务、279 项工作内容，63 个工作模板。

## 第七节 现 场 应 用

推进特高压工程标准工艺落地见效，是全面落实基建“六精四化”管理要求，提升工程建设施工质量，打造特高压精品工程，推动特高压工程高质量建设的重要保障。

为进一步严肃工艺纪律，严格标准执行，强化过程质量管控，推动特高压工程标准工艺落地见效，在执行国家电网公司和国网特高压公司级工艺标准、典型施工方法的基础上，公司发布“一目录、一清单、一计划”统一工艺标准，突出“四个强化”统一工艺管控重点，建立“五项机制”统一工艺管控手段。其中，“一目录、一清单、一计划”是指统一发布标准工艺目录、明确工程标准工艺应用清单、抓实工程标准工艺应用计划；“四个强化”是指强化工程施工图审查、强化工程标准工艺交底培训、强化主设备厂家安装指导文件编审、强化施工方案编审；“五项机制”是指完善标准工艺“样板引路”机制、建立标准工艺现场实施过程管控机制、建立标准工艺现场监督检查机制、建立标准工艺应用管理考核评价机制、建立标准工艺动态完善机制。

为支撑工程现场加强工程建设全过程工艺管控，现场应用的建设包括“一目录、一清单、一计划”、编审要点、工艺流程管控“一表一卡”、工艺亮点展示四部分内容。

1. “一目录、一清单、一计划”

（1）统一发布标准工艺目录。根据国家电网公司标准工艺应用要求，结合标准工艺库建设成果，国网特高压公司编制发布特高压工程建设标准工艺目录。

（2）明确工程标准工艺应用清单。工程招标前，结合工程建设特点，国网特高压公司编制工程项目标准工艺应用清单；推动标准工艺应用清单及应用要求纳入工程设计、设备、施工招标文件、工程量清单和合同文本，明确工艺要求，合理计列相关费用项目。

（3）抓实工程标准工艺应用计划执行。主体工程开工前，业主项目部依据工程标准工艺应用清单，组织参建单位编制工程标准工艺应用计划，明确标准工艺具体应用项目和范围，并报国网特高压公司备案；工程建设过程中，业主项目部组织工程标准工艺应用计划落地执行。

2. 编审要点

结合工程现场标准工艺管控的关键环节，编审要点包括施工图审查要点、主设备安装指导文件编审要点、重要专项施工方案编审要点。

（1）施工图审查要点。编制工程施工图审查要点，明确工艺设计要求。在施工图审查、设计交底和图纸会检过程中，加强施工图审查要点的应用落实，确保工艺要求纳入施工图纸，逐步推动特高压工程工艺设计水平提升。

（2）主设备安装指导文件编审要点。针对不同技术路线的主设备，编制主设备安装指导文件编审要点，明确工艺标准通用要求。在主设备厂家安装指导文件审查过程中，业主项目部根据要点内容，复核主设备招标文件中关于工艺标准要求的落实情况，对差异化工艺标准组织提出执行意见。

（3）重要专项施工方案编审要点。编制变电工程、输电工程重要专项施工方案审查要点，推动落实标准工艺现场执行要求。

3. 工艺流程管控“一表一卡”

编制工艺流程管控“一表一卡”（关键工序管控表和工艺流程控制卡），明确关键工艺管控要点、现场作业执行流程、工艺执行情况监督检查要点，明晰业主、监理、施工项目部责任界面，强化标准工艺现场实施关键节点管控。“一表一卡”按变电土建、变电电气、输电三个专业划分。

截至 2022 年 10 月，累计编制形成 27 个关键工序管控表、37 张工艺流程控制卡，具体清单分别见附录 22、附录 23。

4. 工艺亮点展示

为全面展现国网特高压公司建设管理工程的工艺管控水平，通过图片的形式展现标准工艺管理典型经验和工程现场工艺样板。工艺亮点展示包括典型经验和工艺样板。

（1）典型经验。典型经验指阶段性总结工程现场从标准工艺的计划管理到执行情况总结全过程中的典型经验，切实推动了标准工艺落地见效。

（2）工艺样板。工艺样板指工程建设过程中，展示现场标准工艺实体样板、现场施工成品。

## 第八节　重要工程资料

工程建设管理纲要、大纲、策划作为重要指导文件，实现了特高压工程各主体高效协同运作，工程建设各阶段有序衔接，推进特高压电网依法合规高质量建设。

为后续特高压工程建设管理提供借鉴和参考，收集整理特高压工程最新版本建设管理纲要、总体策划、管理大纲、工程主体施工项目招标技术规范书和合同文本、重要事件分析报告，编制形成重要工程资料清单及其文件内容。

截至 2022 年 10 月，已收集形成重要工程资料 30 项，其中管理纲要 2 项、管理策划 4 项、管理大纲 11 项、技术规范书 3 项、合同 10 项。重要工程资料如图 3 - 12 所示。

图 3 - 12 重要工程资料

## 第九节 技 术 交 流

为促进国网特高压公司建设管理工程间的交流和学习，推动专业技术的传承与创新，建设技术交流专区，按专业工作组的划分类别设置相应专业板块，搭设专业问题答疑解惑的交流平台，营造技术交流良好氛围。工程建设管理人员既可以提出新的专业问题，也可以解答各专业板块的提问，还可以针对其他专业人员已解答的问题，再次补充回答，进一步加强专业间沟通交流，提升专业人员思考深度。

为提升技术交流平台的活跃度，国网特高压公司专业工作组组长负责组织工作组成员及时解答相关专业问题，通过设置问题与专业类别、专业类别与专业工作组组长的关联关系，平台第一时间将各专业板块的提问与解答情况推送至相关专业工作组组长。技术交流的专业类别分为安全、土建、线圈设备（含大件运输）、开关设备、换流阀、滤波与无功功率设备、控保与调试、消防、组塔架线、技经、环水环保。技术交流如图 3 - 13 所示。

图 3 - 13 技术交流

# 第十节　技　术　培　训

为进一步提升工程管理人员专业素质，国网特高压公司开展了专家大讲堂、"强基固本·一专多能"培训、特高压工程现场建设管理及关键施工技术系列培训以及各专业管理培训，形成一批特高压精品课程和系列课件。为方便工程现场专业人员随时开展线上培训学习，提升专业技能，建设技术培训专区，汇集各专业技术培训课件资料，按照变电土建、变电电气、输电线路、设备、安全、消防、技经、环保水保、档案与数字化 9 个专业划分。

截至 2022 年 10 月，已收集形成技术培训课件 21 项，其中变电电气 13 项、输电 4 项、消防 4 项。技术培训如图 3-14 所示。

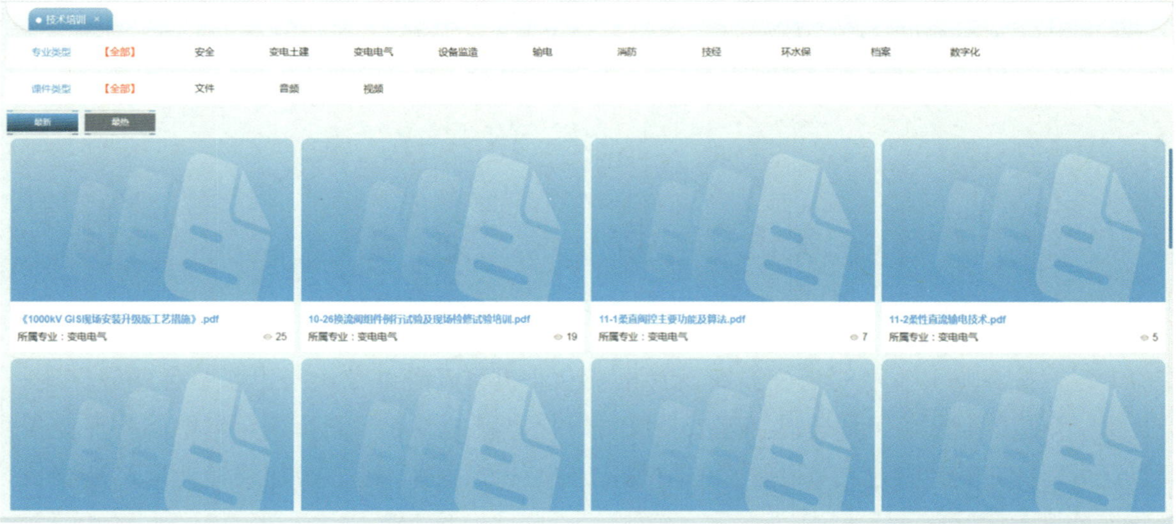


图 3-14　技术培训

# 第四章　平　台　功　能

为全面应用“五库”建设成果，推动标准化成果落地见效，支撑特高压工程高质量、高标准、高效率建设，国网特高压公司在充分考虑建设成果特点和工程现场需求的基础上，坚持共商共建共享，坚持贴近专业、贴近现场，统一顶层设计、统一技术路线、统一功能应用、统一数据模板，打造先进实用、高效便捷的特高压工程项目标准化与知识管理平台（以下简称“平台”），通过做优电脑端应用、做精移动端应用，满足工程现场各专业管理的需求，共享建设成果。

平台功能主要包括检索查阅、标准解读、成果推送、应用反馈、消息提醒、应用积分、数据维护 7 个方面功能。

## 第一节　检　索　查　阅

检索查阅能够根据文件名称、所属专业、工程实体、发布时间等单一或多个维度的选择，实现全文范围检索，快速检索成果文件，生成各专业所需成果清单，并可以根据需求建立个人收藏文件夹，满足各专业管理需要。检索查阅包括“跨库”检索和各成果库检索。

### 1. “跨库”检索功能

“跨库”检索功能通过全面梳理技术标准库、标准工艺库、典型经验库、典型案例库、科技成果库、制度流程、现场应用、重要工程资料等标准化成果的文件特点和属性信息，基于成果文件标题与成果内容中关键词的智能匹配，做到了语义和概念层次上的标引工作，实现高级检索、全文检索和“我的收藏”等功能，提高了查全率和查准率，提升了平台应用效率。“跨库”检索如图 4 - 1 所示。

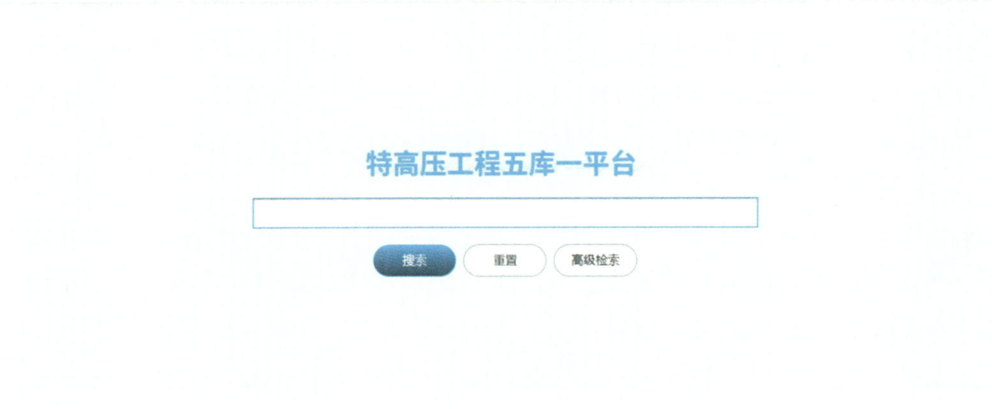


图 4 - 1　“跨库”检索

（1）高级检索。高级检索是在现有的信息检索技术以及数据模型上发展而来，并使用技术手段对成果文件中文本进行合理分类及标签化处理，使得用户可以通过高级检索，高度自定义选取所需成果文件的文件类别、文件专业、所属成果库、对应工程实体等查询条件，并且支持在一个检索式中，可以同时使用多个逻辑运算符，构建一个复合逻辑检索式，实现复合条件检索功能，精准检索到所需“五库”成果文件。高级检索如图 4-2 所示。高级检索包含按成果库检索、按专业类别检索、按工程实体检索和按关键词检索。

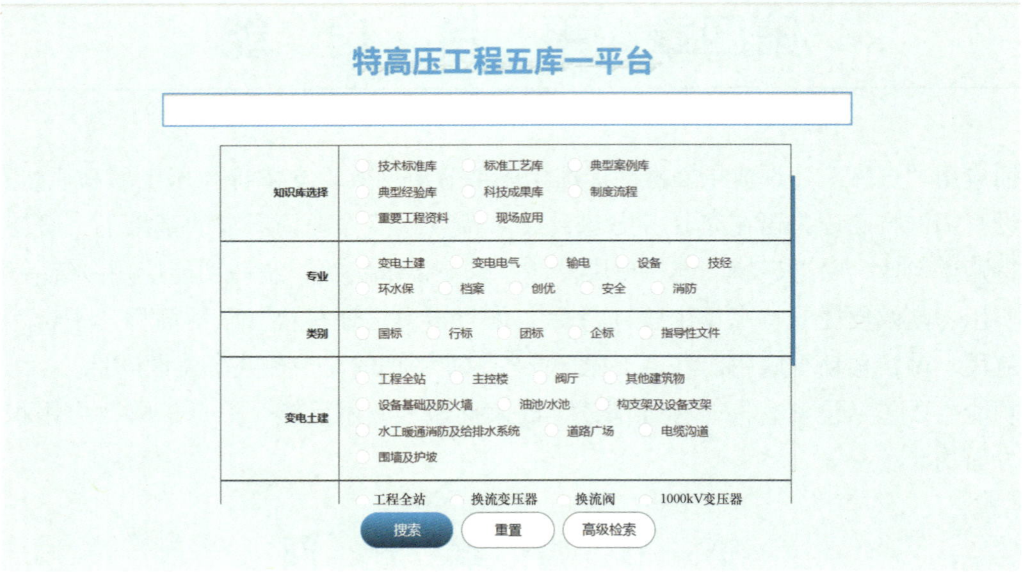


图 4-2　高级检索

1）按成果库检索。能够根据技术标准库、标准工艺库、典型经验库、典型案例库、科技成果库、制度流程、现场应用、重要工程资料等成果库的选择进行检索，实现按照成果文件来源检索。

2）按专业类别检索。能够根据变电土建、变电电气、输电线路、设备、安全、消防、技经、环保水保、档案与数字化等专业的选择进行检索成果文件。

3）按工程实体检索。能够根据变压器、换流变压器、高端阀厅等工程实体的选择进行检索成果文件。

4）按关键词检索。通过对“五库”中成果文件进行解构处理，将所有文本拆解成计算机语言中的字段，再利用字段检索对检索词进行匹配，实现按照关键词检索。

（2）全文检索。全文检索功能核心包括索引引擎、查询引擎、文本分析引擎、对外接口等，其功能实现通过索引程序扫描成果文件中的每一个词并建立索引，同时记录该词在文章中出现的次数和位置来实现；查询时，检索程序就根据事先建立的索引进行查找，并将查找的结果反馈前端，快速检索“五库”中成果文件中的文本数据。全文检索如图 4-3 所示。

## 2. 各成果库检索

各成果库检索通过对成果库中各类成果文件进行有序化分类组织和存储，根据查阅需求，可按照成果文件类别、专业、对应工程实体等条件进行组合检索，精准查询到所需成果文件。此外，通过成果库中检索生成的文件清单，可以生成成果文件清单目录并导出至本地，以便于后续工作中的使用。各成果库检索包括：技术标准库、标准工艺库、典型经验库、典型案例库、科技成果库、制度流程、现场应用和重要工程资料检索。

（1）技术标准库。按照技术标准库中的专业（安全、变电土建、变电电气、输电、设备、消防、技经、环水环保、档案与数字化）、类别（国家标准、行业标准、团体标准、企业标准）、工程实体、日期、关键词等属性设置，能够根据需要自定义筛选条件进行复合检索，并生成检索结果清单。

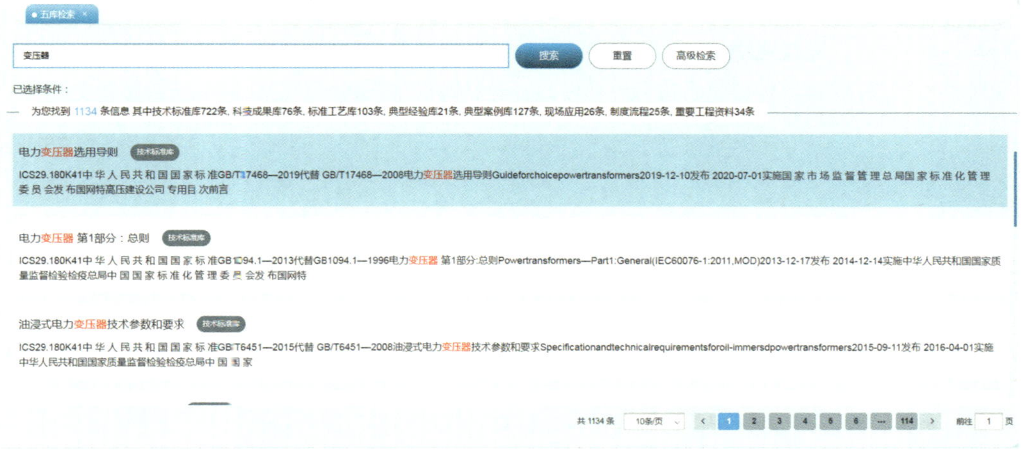

图 4-3　全文检索

（2）标准工艺库。按照标准工艺库中的专业（变电土建、变电电气、架空线路结构、架空线路电气）、类别（国家电网公司级、公司级、其他）、工程实体、关键词等属性设置，能够根据需要自定义筛选条件进行复合检索，并生成检索结果清单。

（3）典型经验库。按照典型经验库中的专业（变电土建、变电电气、输电、设备制造、技经、环水环保、档案、创优）、工程实体、关键词等属性设置，能够根据需要自定义筛选条件进行复合检索，并生成检索结果清单。

（4）典型案例库。按照典型案例库中的专业（变电土建、变电电气、输电、设备制造、技经、环水环保、档案、创优）、工程实体、关键词等属性设置，能够根据需要自定义筛选条件进行复合检索，并生成检索结果清单。

（5）科技成果库。按照科技成果库中的专业（安全、变电土建、变电电气、输电、设备、消防、技经、环水环保、档案与数字化）、类别（科技、管理创新、技术标准、QC、专利、其他）、工程实体、关键词等属性设置，能够根据需要自定义筛选条件进行复合检索，并生成检索结果清单。

（6）制度流程。按照制度流程中的专业（项目管理、安全管理、质量管理、技术管理、造价管理、环水环保管理、档案管理、财务管理）、类别（国家电网公司级、公司级）、文号、关键词等属性设置，能够根据需要自定义筛选条件进行复合检索，并生成检索结果清单。

（7）现场应用。按照现场应用中的专业（变电土建、变电电气、输电）、类别（变电工程、输电工程，变电土建、变电电气、线路基础、线路铁塔、架空线路及附件）、编制部门、关键词等属性设置，能够根据需要自定义筛选条件进行复合检索，并生成检索结果清单。

（8）重要工程资料。按照重要工程资料库中的专业（变电工程、输电工程、变电场平、变电土建、变电电气、设备、线路基础、线路铁塔、架空线路及附件、安全、技经、环水环保、数字化、档案）、类别（管理纲要、管理策划、管理大纲、技术规范书、合同文本、工程建设重要事件分析报告、其他）属性设置，能够根据需要自定义筛选条件进行复合检索，并生成检索结果清单。

### 3. 我的收藏

为满足专业管理人员个性化需求，平台建立了与个人账号相关联的成果文件收藏夹模块，通过在检索后的成果文件中点击“收藏”，将个人常用的成果文件保存至个人文件夹中，形成个人知识文件库，避免重复检索常用文件，提升平台使用体验。文件收藏如图 4-4 所示。

图 4-4 文件收藏

# 第二节 标 准 解 读

为进一步统一标准条文理解认识，更好把握工程现场常用标准执行要点，在充分调研外部标准资源数据库的基础上，通过与工标库共建共接，对标准规范内容进行碎片化处理，实现特高压工程建设常用技术标准条文解读、强制性条文聚合、标准关联阅读、标准资源对比。

## 1. 标准条文解读

平台技术标准阅读界面提供基于 XML 结构化内容，具备技术标准文字流式阅读的功能，实现条文说明与条文内容逐一匹配，在浏览技术标准的过程中可以一边读标准，一边看说明，避免前后反复对照、来回查阅；同时该阅读方式将标准编号、标准名称、英文译名、标准简介、参编单位、主编部门、发布部门、发布日期、实施日期、废止日期、资源状态、标准类别、分类符号、检索代号等不同信息进行组合，方便直接浏览标准本身的概况信息，对标准有更加全面的把握。标准条文解读如图 4-5 所示。

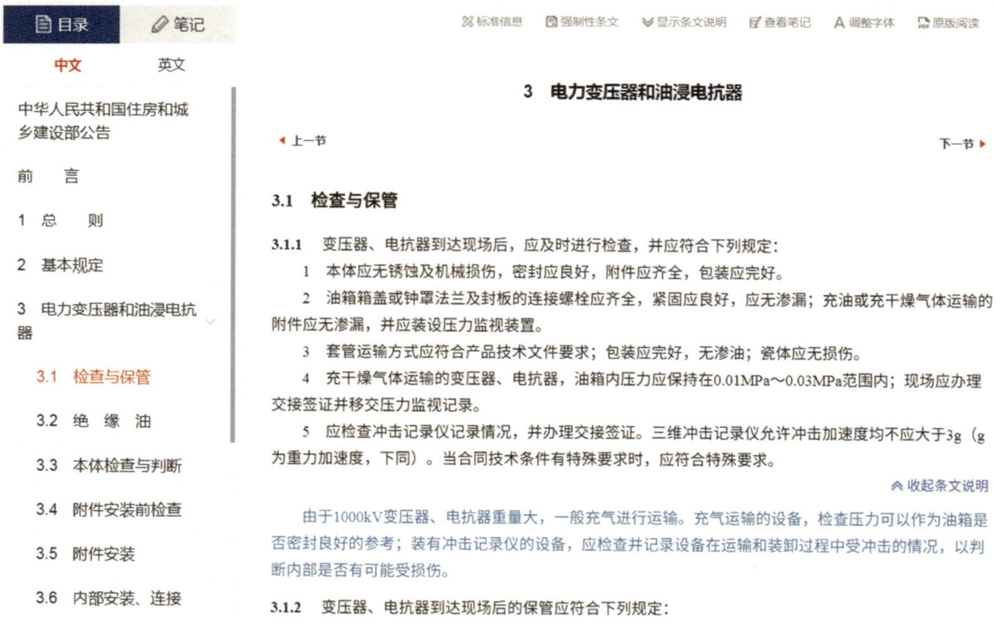


图 4-5 标准条文解读

## 2. 强制性条文聚合

技术标准中强制性条文是工程现场执行标准过程中需重点关注的内容。平台对标准规范中的强制性条文内容进行底层预处理，在阅读界面将强制性条文的文字加红加粗，做到提醒用户，并根据专业管理人员实际工作需求，提取出标准中所有强制性条文，实现内容聚合，在资源浏览时可一键查看单本标准中的所有强制性条文，及时掌握技术标准中的重点内容，同时将库内所有重点技术标准的强制性条文进行收集形成强条数据库，可在该强条库中对关键字词进行检索查阅，标准阅读更加便捷直观。强制性条文聚合如图 4-6 所示。

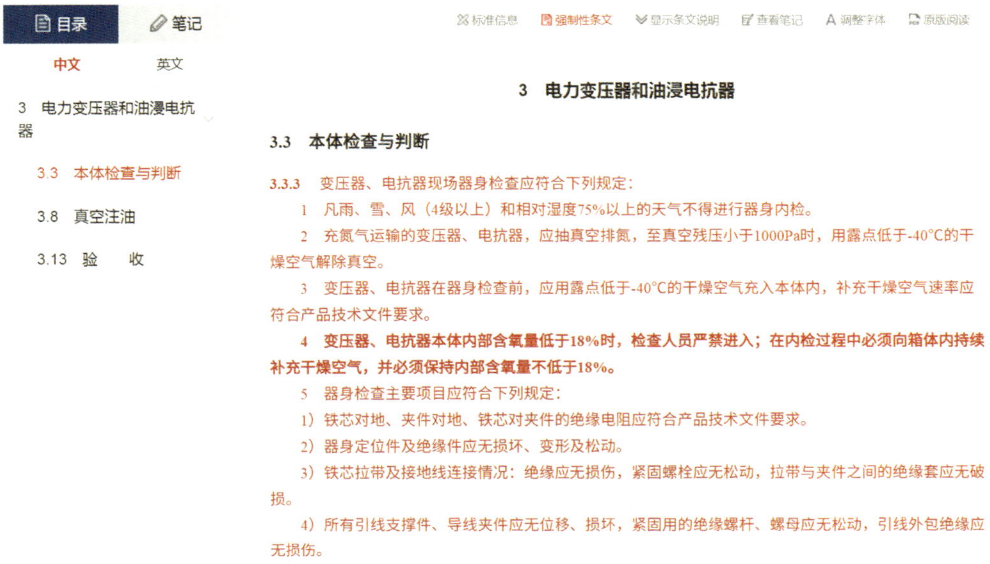


图 4-6　强制性条文聚合

## 3. 标准资源对比

平台提供标准资源对比功能，可根据需求自行添加，对比功能主要分为标准对比和标准条文对比两种类型。其中，标准对比方便了解同一领域相近标准间的各项标准基本信息，例如标准发布日期、实施日期、主编单位、参编单位、适用范围等内容；标准条文对比帮助了解标准在更新替代过程中内容方面发生的具体变化，及时掌握标准改版中的新增内容。标准资源对比如图 4-7 所示。

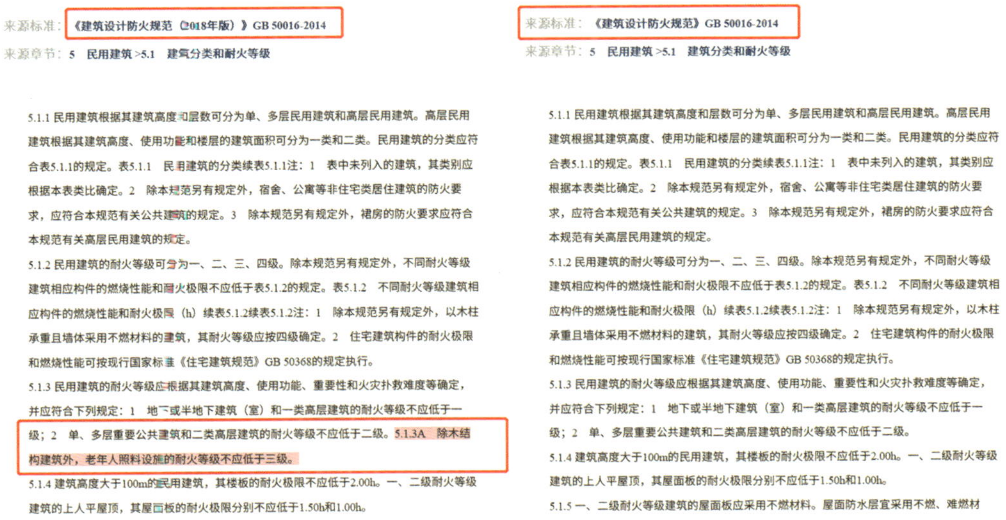


图 4-7　标准资源对比

# 第三节　成　果　推　送

为提醒特高压工程建设关键环节需重点关注的事项，提示平台最新更新的成果文件，主动服务工程现场，平台开发了成果推送功能。成果推送功能包括根据用户选择主动推送应用提示、根据进度计划自动推送应用提示、成果文件更新推送。

1. 根据用户选择主动推送应用提示

（1）通过三维模型推送。平台通过将大量成果文件格式化、标签化处理，并使成果文件中包含的专业信息、文件类别信息与现场相应工程实体进行关联，结合现有三维模型建设成果，将知识成果文件、三维模型、工程实体深度融合形成关联关系网络；在平台中查看该工程的相应三维模型时，通过点击具体 BIM 模型，实现自动生成并展示该 BIM 模型所有对应的技术标准、标准工艺、典型经验、典型案例等成果文件清单，深度挖掘三维信息模型技术的应用潜力，实现用户对知识成果更直观地认识和学习。三维模型点击推送如图 4-8 所示。

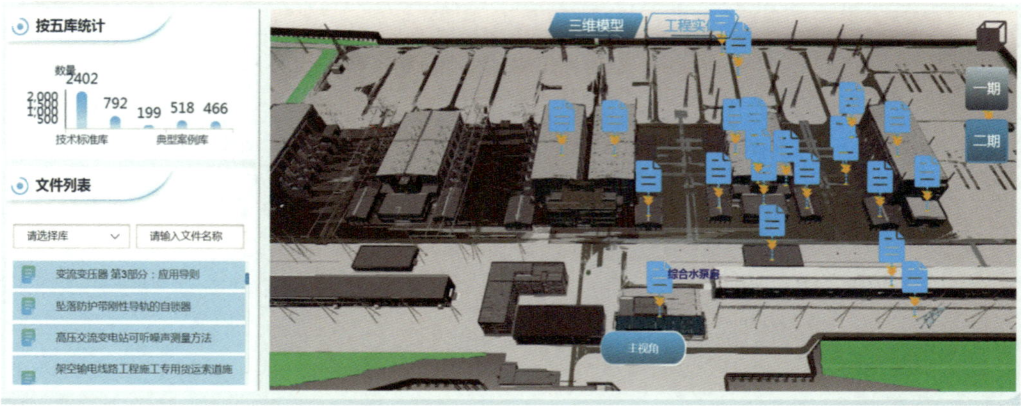


图 4-8　三维模型点击推送

（2）通过实体列表推送。根据特高压工程建设重点，梳理形成涉及变电土建、变电电气、输电类等 27 项工程建设实体名称；通过建立格式化、标签化处理后成果文件与工程实体间的关联关系，建设平台工程实体列表，在点击具体工程实体名称后，实现自动生成并展示实体所有对应的技术标准、标准工艺、典型经验、典型案例等成果文件清单。工程实体点击推送如图 4-9 所示，成果文件推送列表如图 4-10 所示。

图 4-9　工程实体点击推送

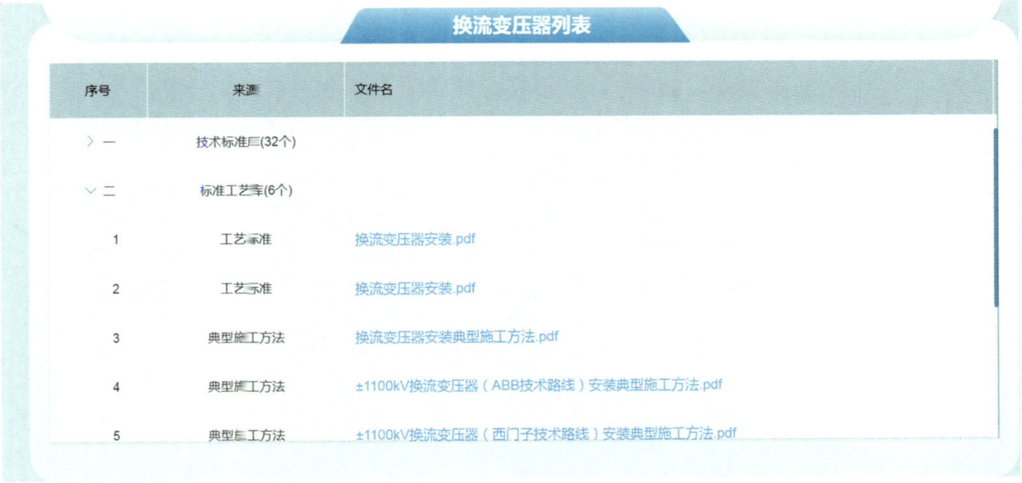


图 4-10 成果文件推送列表

## 2. 按工程进度计划自动推送应用提示

按工程进度计划自动推送应用提示指通过建立关键作业与工程实体、工程实体与成果文件、成果文件与专业类别的关联关系，将成果文件与实际进度计划形成关联关系；根据关键作业进度计划的维护和专业类别的选择，在关键作业开始前，为专业人员推送所选专业相关的技术标准、标准工艺、典型经验、典型案例等成果文件，提醒重点关注事项，精准服务工程现场管理。

（1）进度计划维护与关键作业设置。进度计划维护与关键作业设置指根据平台给定模板，维护国网特高压公司建设管理工程的进度计划，并标记关键作业，同时建立关键作业与工程实体间的关联关系。

（2）专业选择与成果推送。专业选择与成果推送指现场专业管理人员可根据职责范围，选择所需推送成果文件的专业类别，在每项关键作业开始前，平台根据专业选择筛选相关的成果文件，并自动推送至专业管理人员。推送成果文件的专业类别选择如图 4-11 所示，按工程进度计划自动推送应用提示如图 4-12 和图 4-13 所示。

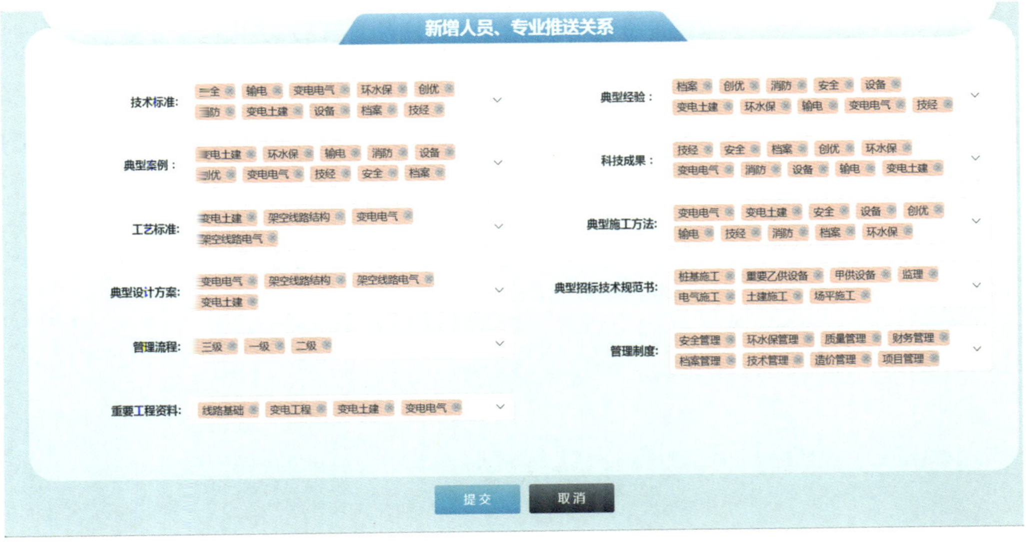


图 4-11 推送成果文件的专业类别选择

## 3. 成果文件更新推送

（1）按专业选择推送。按专业选择推送指根据专业管理人员对自身所需推送专业的自定义设置，对于技术标准库、标准工艺库、典型经验库等成果库中，新增入库的成果文件将按照自定义

图 4-12　按工程进度计划自动推送应用提示（1）

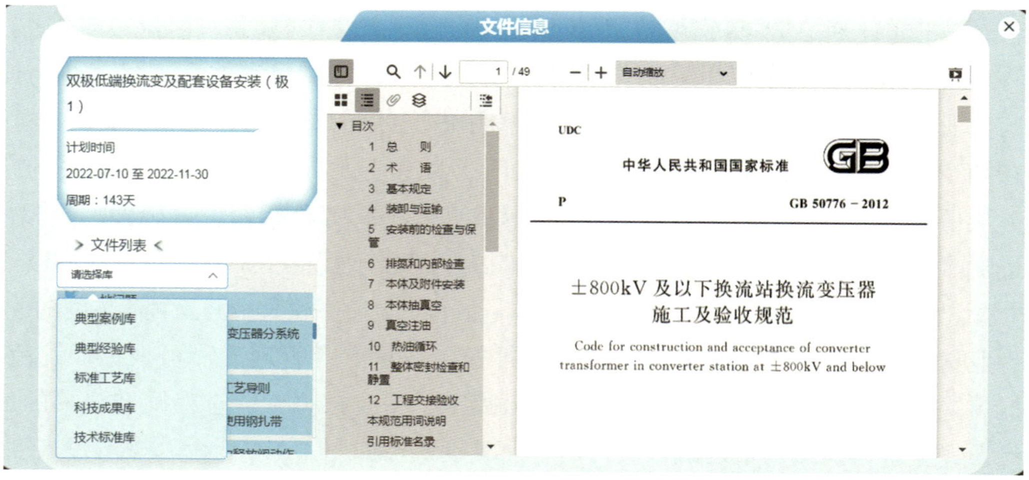


图 4-13　按工程进度计划自动推送应用提示（2）

设置的专业进行有序推送，使所选专业最新成果文件能够第一时间推送至专业管理人员。

（2）按成果库推送。按成果库推送指平台通过对新增成果文件进行流程化管理，使每个新入库的成果文件均会以特定图标的形式，展现在该文件所属成果库的全景展示中，并提醒新增成果文件的数量；专业管理人员可通过点击图标，查看所有该库新增成果文件清单及内容，及时掌握最新成果文件。

成果文件更新推送清单如图 4-14 所示。

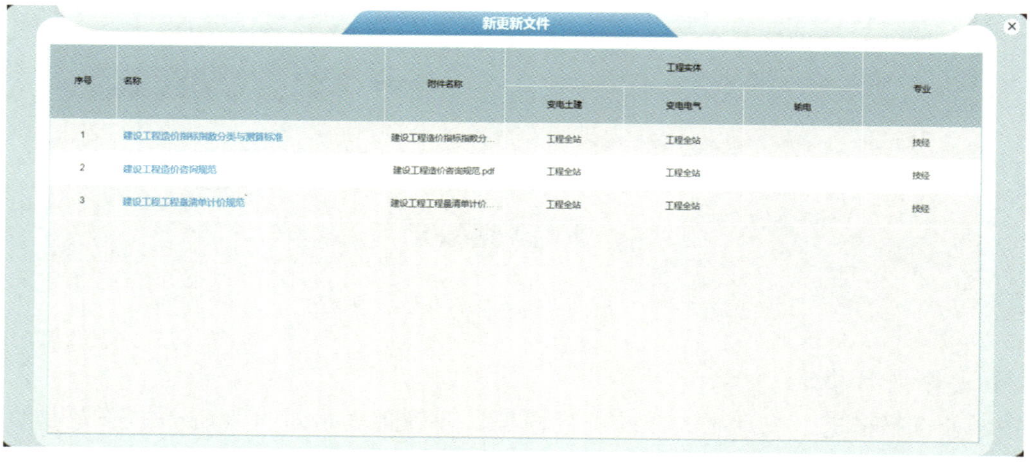


图 4-14　成果文件更新推送清单

## 第四节　应　用　反　馈

为全面掌握平台应用情况，及时收录新增成果文件，平台建立了平台应用反馈管理模块，包括平台应用情况反馈管理和新增成果文件管理，并设置管理审批流程，实现线上审批把关。

### 1. 平台应用反馈管理

平台应用反馈管理指建立平台应用反馈机制，用户可以根据应用情况，提出对平台成果文件和应用功能方面的意见或建议，并可上传相关照片、文件，推动成果文件的动态更新和功能的优化完善。平台应用反馈管理如图 4-15 所示。

图 4-15　平台应用反馈管理

### 2. 新增成果文件管理

新增成果文件管理指为实现新增成果文件能够高效上传至各成果库，平台设置了简捷的成果文件传递、审核、上传、更新流程，同时建立了成果文件模板与成果库的关联关系，平台能够自动识别经审核成果文件的所属成果库，确保成果文件能够快速入库。新增成果文件审批管理如图 4-16 所示。

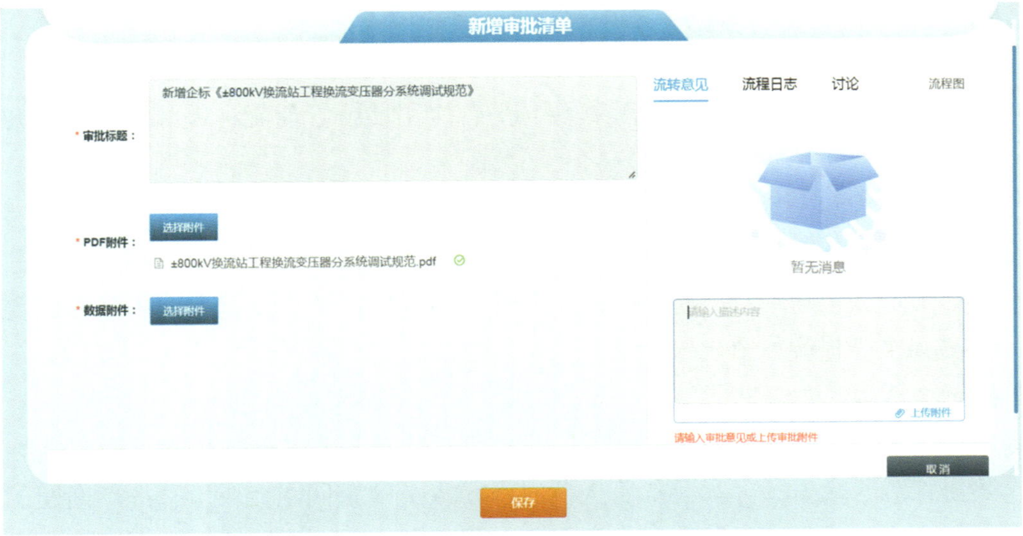


图 4-16　新增成果文件审批管理

## 第五节　应　用　积　分

为鼓励工程现场专业管理人员积极应用“五库一平台”，及时提出成果文件与平台功能完善建议，参与技术交流，开展培训课件制作等，平台设置多种应用积分场景，明确相应积分规则，实现平台应用自动积分，为开展平台应用评价激励提供参考依据。

1. 登录平台积分

登录平台积分指为促进专业管理人员积极应用平台，设置每日登录平台积分的场景，在完成每日登录任务后，即可获取相应积分。

2. 成果学习积分

成果学习积分指为鼓励专业管理人员主动学习特高压工程建设有关技术标准、标准工艺等成果文件，平台设置成果学习积分场景，当成果文件学习时长达到平台设定的标准后，将完成每日成果学习任务，从而获取应用积分。

3. 每日答题积分

每日答题积分指为检验成果学习成效，巩固已经掌握的专业知识点，平台设置每日答题积分场景，在完成每日知识答题任务，即可获取应用积分。

4. 技术交流积分

技术交流积分指为推动专业领域沟通交流，营造技术交流良好氛围，平台设置技术交流积分场景，在完成有效提问及解答后，即完成相应积分任务，获取应用积分。

5. 培训课件制作积分

培训课件制作积分指为方便线上开展技术培训，共享专业培训成果，平台设置培训课件制作积分场景，在完成专业培训课件制作并上传至平台后，即可获取相应积分。

6. 生成积分榜单

生成积分榜单指根据平台应用情况，平台能够实时自动生成个人和部门/建设部积分，实时展示个人、部门积分排行，为开展平台应用评价激励提供参考依据；个人和部门/建设部的积分情况，可选择时间段，按日、周、月查看获取积分情况，并可导出形成表格。

## 第六节　消　息　提　醒

消息提醒包括新增成果文件管理流程提醒、平台应用反馈管理流程提醒、技术交流提醒三部分内容。

1. 平台应用反馈与新增成果文件管理流程提醒

平台应用反馈与新增成果文件管理流程提醒指在管理流程中的每一个流程节点，平台将自动给流程负责人、发起人推送消息，提醒负责人及时审批流程，提醒发起人关注流程进度、进行流程催办。新增成果文件提醒如图 4 - 17 所示。

2. 技术交流提醒

技术交流提醒指在技术交流板块中，对于专业管理人员提出的专业问题，平台能够将问题自动推送至该专业工作组负责人，提醒负责人及时组织人员解答问题；对于每一个问题的解答，平台能够将解答情况自动推送至问题发起人和专业工作组负责人，让发起人及时获取所提问题的专业回复，也让专业工作组负责人能够了解问题回复情况。

图 4 - 17　新增成果文件提醒

# 第七节　基础数据维护

基础数据的有效维护是实现平台跨库检索、成果推送、应用反馈等核心功能的重要基础。基础数据维护范围包括基础信息维护、关联关系表维护、角色权限维护。

1. 基础信息维护

基础信息维护范围包括平台中的成果文件库、工程实体库、BIM 模型库、进度计划库、专业类型库、工程类型库、人员角色库、人员信息库等基础信息，根据实际工作需求实时更新同步至平台中，完成基础信息数据的更新。

基础信息维护是从提升维护效率的角度出发设计开发的，具备的功能包括新增、删除、修改、编辑附件、查看、检索、批量导入等，支持以页面集成的形式进行一站式操作。

（1）成果文件库。成果文件库维护是指进入系统基础维护菜单后，对技术标准库、科技成果库、典型经验库、典型案例库、工艺标准库、现场应用、制度流程、重要工程资料等各个成果库分类存放相应成果文件数据的基本操作管理，包括成果文件的高级检索、新增、删除、修改、查看、批量导入等管理维护功能。成果文件库维护如图 4 - 18 所示。

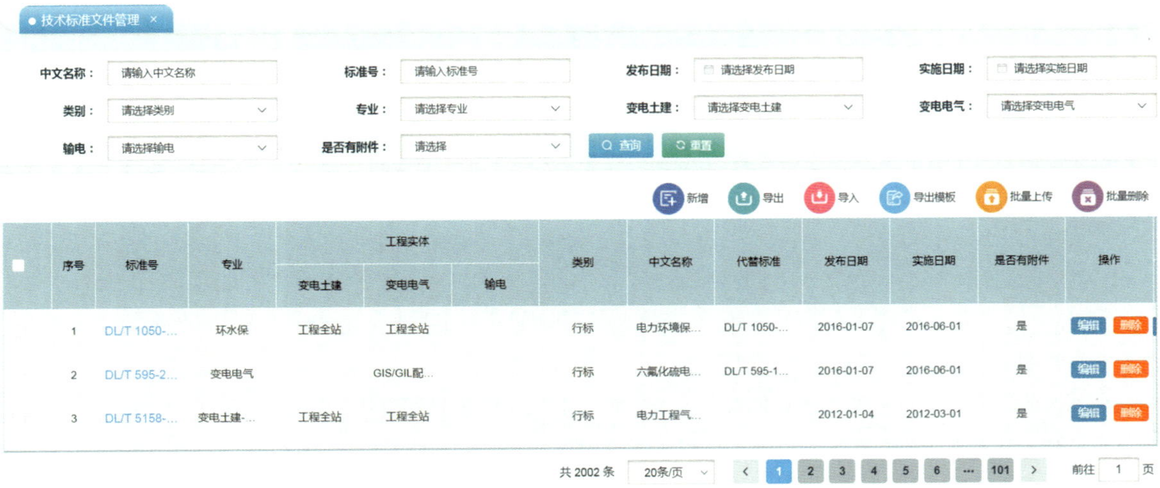


图 4 - 18　成果文件库维护

（2）工程实体库。工程实体库维护是指对平台中现有工程实体表单数据的基本操作管理，包括工程实体数据名称的新增、删除、编辑、查看等维护功能。

（3）BIM 模型库。BIM 模型库维护是指对平台中现有 BIM 模型表单数据的基本操作管理，包括 BIM 模型数据名称、X 坐标轴位置、Y 坐标轴位置、Z 坐标轴位置的新增、删除、修改、查看等维护功能。

（4）进度计划库。进度计划库维护是指对平台中现有进度计划表单数据的基本操作管理，包括进度计划的节点、工序等新增、删除、修改、查看等维护功能。

（5）专业类型库。专业类型库维护是指对平台中现有专业类型表单数据的基本操作管理，包括专业类型的专业名称、对应成果库等的新增、删除、修改、查看等管理维护功能。

（6）工程类型库。工程类型库维护是指对平台中现有工程类型表单数据的基本操作管理，包括工程类型名称的新增、删除、修改、查看等管理维护功能。

（7）角色类型库。角色类型库维护是指对平台中现有角色类型表单数据的基本操作管理，包括角色类型名称的新增、删除、修改、查看等维护功能。

（8）人员信息库。人员信息库维护是指对平台中现有授权应用平台人员信息表单数据的基本操作管理，包括人员姓名、电话、所属部门等信息的新增、删除、修改、查看等维护功能。

### 2. 关联关系表维护

关联关系表维护指根据平台功能实现的需求，通过基础信息的维护，建立信息库间的关联关系表，形成标准化数据关联方案，后续工程中可直接复用现有关联关系，共享知识成果。目前平台中关联关系表包括工程实体与 BIM 模型关联、成果文件与工程实体关联、进度计划与工程实体关联、人员与专业关联、工程实体与专业关联等。关联关系的建立通过制作 Excel 表单导入平台数据库实现，基本操作包括新增、删除、修改、查看等操作。进度计划与角色关系维护如图 4 - 19 所示，进度计划与工程实体关系维护如图 4 - 20 所示。

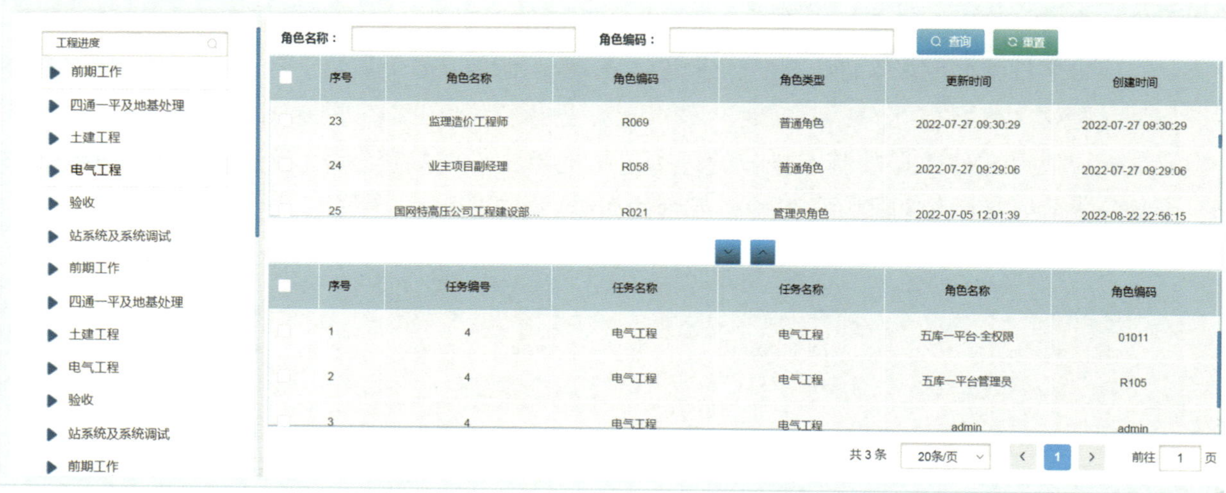


图 4 - 19　进度计划与角色关系维护

### 3. 权限维护

权限管理作为平台后台系统重要组成部分，主要目的是对不同角色的人员访问资源进行权限的控制，避免引发误删误改、隐私数据泄漏等风险。平台采用了基于角色的访问控制（role - based access control）模型作为权限设计模型，通过建立用户和角色、角色和权限间多对多的关系，实现用户访问资源的权限控制，包括页面权限、操作权限和数据权限；根据国网特高压公司和外部单

图 4-20 进度计划与工程实体关系维护

位的应用需求，统筹设置用户、角色和权限的对应关系，建立用户与角色对应关系表、角色与权限对应关系表，并导入平台基础数据库，使不同账号进入平台后实现数据区分离处理，在满足不同用户应用需求的同时，实现成果文件知识产权的保护。

# 第五章　应用管理及成效

为规范“五库一平台”建设、维护及应用，积极促进深化应用“五库一平台”，推动标准化成果落地见效，持续提升工程项目标准化管理水平，国网特高压公司组织编制了相关管理办法，发布应用积分细则，制定了有关激励考核指标。

自“五库一平台”上线应用以来，得到了各专业管理人员广泛的应用，主动登录平台应用成果文件，踊跃开展专业问题提出及解答，积极反馈平台应用建议或意见。通过应用“五库一平台”，在构建特高压工程建设标准化体系、指导公司有关业务开展、工程现场应用标准化成果等方面，取得了一系列实效，切实提升特高压工程建设标准化管理水平，推动国网特高压公司高质量发展。

## 第一节　应　用　管　理

2022 年 5 月，国网特高压公司印发了《国家电网有限公司特高压建设分公司工程“五库一平台”管理办法》(国网特高压内规〔2022〕3 号)，发布了《“五库一平台”应用积分细则（2022)》。在国网特高压公司 2022 年绩效考核指标中，明确了关于“五库一平台”应用的激励考核指标。结合上述管理办法和考核要求，应用管理包括“五库一平台”的建设管理、维护管理和激励机制三个方面。

### 1.“五库一平台”建设管理

“五库一平台”的建设包括“五库”成果文件建设和平台功能建设。

（1）“五库”成果建设。国网特高压公司技术部作为牵头部门，组织编制总体建设方案；各部门、工程建设部根据方案要求，组织编制形成“五库”成果清单及文件内容；公司各专业部门负责对成果文件审核把关，确保入库文件的准确性。技术部组织上传经审核的成果文件。

（2）平台功能建设。国网特高压公司技术部牵头组织“五库一平台”整体功能架构设计，提出平台业务需求；信息环保部作为平台建设的牵头部门，组织平台功能开发、维护。

### 2.“五库一平台”维护管理

“五库一平台”的维护包括日常维护和定期维护：①日常维护方面，各部门、工程建设部（业主项目部）根据工程建设实际和现场应用情况，组织更新成果清单及文件内容，并通过平台发起上传；更新的成果清单及文件内容经本部门负责人及专业部门负责人审核后，线上提交技术部；通过审查的成果文件正式发布。②定期维护方面，技术部每年年底组织开展“五库”成果文件维护。

### 3.“五库一平台”激励机制

“五库一平台”激励机制主要是通过实行积分制和设置绩效激励指标，鼓励公司员工积极应用平台成果文件，及时提出成果文件与平台功能完善建议，参与技术交流，开展培训课件制作等。

"五库一平台"应用实行积分制，积分规则由技术部会同专业部门每年制定发布，目前已完成《"五库一平台"应用积分规则（2022版）》的发布，具体详见表5-1。积分情况纳入各工程建设部绩效考核，对于应用积分排名前三的工程建设部，将根据相应的加分标准给予年终加分。

**表5-1　　特高压工程"五库一平台"应用积分规则（2022版）**

| 序号 | "五库一平台"应用内容 | 积分规则 | 备注 |
| --- | --- | --- | --- |
| 1 | 技术标准库 | （1）对于现有技术标准，提出不适合现场执行或者需要更新版本的标准，每项加1.5分。<br>（2）新编技术标准目录并经专业部门确认，每项加0.5分。<br>（3）对于现有技术标准差异分析清单，提出不适合现场应用执行或者需要更新调整的标准差异分析，每项加1.5分。<br>（4）新编技术标准差异分析文件，每项加4分 | （1）问题建议及新增成果文件均需在平台发起，并履行审核流程，下同；成果文件编制按照平台现有模板格式，详见附录。<br>（2）个人及其所在部门/建设部均进行积分 |
| 2 | 标准工艺库 | （1）对于现有工艺标准、典型工法、典型设计方案，提出不适合现场执行或者需要更新的成果文件，每项加1.5分。<br>（2）新编公司级工艺标准、典型工法、典型设计方案，每项加4分 | 个人及其所在部门/建设部均进行积分 |
| 3 | 典型经验库 | （1）对于现有典型经验，提出不适合现场执行或者需要更新调整的经验，每项加1.5分。<br>（2）新编特高压工程典型经验，每项加4分 | 个人及其所在部门/建设部均进行积分 |
| 4 | 典型案例库 | （1）对于现有典型案例，提出需要更新调整的案例，每项加1.5分。<br>（2）新编特高压工程典型案例，每项加4分 | 个人及其所在部门/建设部均进行积分 |
| 5 | 技术交流 | （1）提出专业技术问题并在平台发布，每个问题加1分。<br>（2）解答平台发布的专业技术问题，每个解答加2分 | （1）个人及其所在部门/建设部均进行积分。<br>（2）对于问题提出人员和解答人员均为同一部门/建设部的情况，部门/建设部仅就解答部分进行积分。<br>（3）对于自问自答的情况，个人仅就解答部分进行积分 |
| 6 | 技术培训 | 编制并上传专业培训课件，每个视频课件加4分、PPT课件加3分，其他形式课件加2分 | 个人及其所在部门/建设部均进行积分 |
| 7 | 平台应用功能 | 提出平台应用功能、性能优化完善建议并采纳，每项加2分 | 个人及其所在部门/建设部均进行积分 |

**注** 1."五库一平台"应用积分规则每年发布；各部门/建设部及个人基础分均为100分，根据积分规则进行累计积分，公司定期通报积分排名情况，积分排名情况纳入工程建设部绩效激励。

2."五库"成果文件更新完善建议由专业部门确认并入库后纳入积分统计，平台功能优化完善建议由技术部会同信息环保部确认后纳入积分统计。

3.对于工艺标准、典型工法、典型经验、典型案例、培训课件成果文件，个人积分限前三作者，第一作者按给定分值的100%积分，其余作者按50%积分；对于其他成果文件，个人积分限第一作者。

# 第二节 应 用 成 效

通过全面应用“五库一平台”，进一步推动完善特高压工程项目标准化管理体系，推进技术标准、标准工艺落地应用，共享科技成果，服务工程现场建设管理，助推特高压工程高质量建设。

## 1. 优化完善特高压工程项目标准化管理体系

在已建成的特高压工程建设管理制度体系和业务流程体系基础上，梳理形成了在特高压工程项目标准化建设过程中需规范化、标准化的工作内容51项，其中项目前期阶段2项、工程前期阶段26项、工程建设阶段23项，具体见表5-2。后续将结合现场需求，根据轻重缓急，有序组织开展技术规范书范本、标准化建设方案、标准化操作手册等标准化成果编制，完善标准化管理体系。

表5-2 特高压工程项目需规范化、标准化的工作内容清单

| 流程编码 | 二级流程工作名称 | 需规范化、标准化的工作内容 |
|---|---|---|
| | | 一、项目前期 |
| 101 | 项目可研 | 1. 前期工作策划模板 |
| | | 2. 前期阶段重点关注技术问题清单 |
| | | 二、工程前期 |
| 203 | 施工招标 | 3. 公司特高压变电（换流）站工程施工招标技术规范书范本 |
| | | 4. 公司特高压线路工程施工招标技术规范书范本 |
| | | 5. 特高压变电（换流）站工程招标工程量清单范本 |
| | | 6. 电力建设工程工程量清单规范应用工作指南 |
| | | 7. 公司特高压变电（换流）站工程施工合同统一文本 |
| | | 8. 公司特高压线路工程施工合同统一文本 |
| | | 9. 特高压变电（换流）站工程安全文明施工标准化手册 |
| | | 10. 特高压工程智慧工地建设规范 |
| | | 11. 特高压工程施工技术及装备推广应用目录 |
| | | 12. 特高压工程标准工艺目录 |
| 209 | 监理招标 | 13. 公司特高压变电（换流）站工程监理招标技术规范书范本 |
| | | 14. 公司特高压线路工程监理招标技术规范书范本 |
| | | 15. 公司特高压变电（换流）站工程监理合同统一文本 |
| | | 16. 公司特高压线路工程监理合同统一文本 |
| 210 | 物资招标 | 17. 特高压工程设备招标重点关注技术问题清单 |
| 212 | 一级网络计划编制 | 18. 特高压变电（换流）站工程合理工期及差异化工期 |
| 216 | 年度投资预算编制 | 19. 公司年度投资预算编制标准化流程手册 |
| 219 | 成立业主项目部 | 20. 新建、扩建工程业主项目部标准化岗位、人员配置要求 |
| | | 21. 公司特高压工程业主项目部标准化手册（业主项目部岗位职责清单） |
| | | 22. 业主项目部临建标准化方案 |
| | | 23. 主项目部后勤保障方案 |
| 221 | 成立（调整）临时党支部和联合工会 | 24. 公司工程现场临时党支部管理标准化手册 |
| | | 25. 公司工程联合工会工作手册 |

续表

| 流程编码 | 二级流程工作名称 | 需规范化、标准化的工作内容 |
|---|---|---|
| 222 | 《现场建设管理大纲》编制 | 26.《现场建设管理大纲》模板 |
| 223 | 工程其他专项策划 | 27. 各专项策划模板 |
| 224 | 四通一平 | 28. 四通一平与本体工程接口清单 |
| | 三、工程建设阶段 | |
| 307 | 工程启动调试 | 29. 系统调试方案关注要点 |
| | | 30. 系统调试现场组织方案（模板） |
| | | 31. 系统调试阶段问题处置、应急抢修工作流程 |
| | | 32. 工程现场调试阶段操作标准化手册 |
| | | 33. 特高压换流站直流控制保护系统联调试验阶段标准化检查手册 |
| 309 | 工程信息管理 | 34. 工程周报等模板 |
| 312 | 工程现场数字化管理 | 35. 特高压工程现场数字建设手册 |
| | | 36. 数字化双月对标与通报模板 |
| 324 | 标准工艺应用管理 | 37. 特高压变电（换流）站工程主要建构筑物结构型式、色彩设计方案 |
| 339 | 设计图纸现场管理 | 38. 特高压变电（换流）站工程施工图审查要点 |
| | | 39. 特高压线路工程施工图审查要点 |
| 331 | 启动调试前技术排查 | 40. 特高压变电（换流）站工程技术排查要点 |
| 337 | 审查施工方案并监督实施 | 41. 特高压主设备安装作业指导书编制审查要点 |
| | | 42. 特高压工程重要专项施工方案清单 |
| | | 43. 特高压工程重要专项施工方案审查要点 |
| 342 | 档案培训 | 44. 特高压变电（换流）工程档案管理标准化手册 |
| | | 45. 特高压线路工档案管理标准化手册 |
| 344 | 施工合同技经条款交底 | 46. 公司业主项目部技经业务标准化手册 |
| 345 | 工程财务管理交底 | 47. 公司工程财务管理交底标准化流程手册 |
| 346 | 监督落实保险要求和配合办理索赔 | 48. 公司工程保险管理标准化流程手册 |
| 347 | 分部结算管理 | 49. 公司建设管理工程施工结算标准化操作流程 |
| 349 | 工程资金预算申请 | 50. 公司工程资金支付管理标准化手册 |
| 408 | 工程总结 | 51. 工程总结、典型经验、典型案例编制要求及模板 |

### 2. 推动技术标准落地应用

根据特高压工程建设技术标准体系、技术标准库收录了涉及 9 类专业、2002 项技术标准文本，在推动技术标准学习、理解与落地应用、技术标准制修订立项方面发挥重要作用。

一是促进了对技术标准条文的学习与理解，推动了技术标准要求落地应用。根据工程现场各专业管理需求，项目管理人员积极应用技术标准库学习相关标准文件，自平台应用以来，“技术标准”功能模块累计应用点击量 1186 次。应用“标准解读”功能，深入了解常用技术标准的编制背景，统一理解认识；同时对标准中强制性条文进行重点学习，有助于标准要求在现场落地执行和监督检查，目前已对《1000kV 电力变压器、油浸电抗器、互感器施工及验收规范》《±800kV 及以下换流站换流变压器施工及验收规范》等 186 项常用技术标准进行解读，具体清单见附录 24。

二是指导技术标准制修订项目立项，推动公司打造施工技术标准制定中心。根据平台“技术标准库”中的常用技术标准清单，公司各部门、各工程建设部、专业工作组梳理当前技术标准与最新施工技术差异，积极推动技术标准制修订工作。自平台应用以来，累计完成1项国家标准（修订）、6项行业标准（1项制定、5项修订）、10项企业标准（1项制定、9项修订）通过立项评审。

3. 推动标准工艺落地应用

根据公司发布的推动特高压工程标准工艺落地见效的12项措施，平台“现场应用”板块收录了标准工艺目录、施工图审查要点、重要专项施工方案编审要点、工艺流程管控“一表一卡”等成果文件。公司建管工程现场全面应用上述成果文件，展示现场工艺亮点，有力支撑了工程现场全过程工艺管控，推动打造了螺山长江大跨越和白鹤滩二期换流站两个“六精四化”落地实施标杆工地。

4. 推动科技成果共享

“科技成果库”为科技成果共享、科技项目储备立项提供重要实践成果。通过提炼形成科技成果推广应用清单，结合适用范围和工程特点，实现特高压主设备安装升级版研究等科技成果在后续特高压工程推广应用，共享先进施工技术（装备），其中国网特高压部已在福建北电南送特高压工程中应用主设备智慧安装技术。围绕特高压工程建设中突出问题、建设难点和薄弱点，通过梳理已有科技项目成果清单，指导公司多渠道开展科技项目储备立项，总部指南项目方面，完成《输变电多场景新型施工专用运输装备的研制与工程应用研究》立项评审，已纳入2023年第一批总部指南项目；总部研究开发项目方面，完成《特高压换流站主控楼及轨道广场区域土建装配式关键技术研究》《高海拔地区施工现场关键要素监测预警技术研究》《电气设备油坑新型阻燃隔火关键技术研究》《特高压交流输电工程装配式耐张线夹研制》4个项目可研评审、批复；工程科研专题方面，完成《特殊换流站工程专项施工调试措施研究》《金上工程送端换流站大件运输技术研究》2个项目纳入金上—湖北工程科研专题，《陇东±800kV换流站工程深厚湿陷性黄土地区地基处理及地下工程关键技术研究》纳入陇东—山东工程科研专题。

5. 主动服务工程现场

面向工程现场、服务工程管理是“五库一平台”建设原则之一。在建设策划阶段，公司充分考虑了工程现场应用需求，建设方案与顶层设计反复征求各部门、工程建设部、业主项目部意见，使得成果文件的编制与整理、功能的设计与开发充分贴近工程现场一线。

在特高压工程建设管理、统筹支撑过程中，专业管理人员积极应用“五库一平台”，查阅成果文件，为工程现场各专业管理工作开展提供有效参考和支撑。在南昌换流站工程消缺工作中，科技成果库中《换流变压器排油系统优化设计与工程应用》、标准工艺库中《换流站消防设计标准化设计指导书》为换流站事故排油改造施工方案审查、现场施工提供有效技术支撑；在螺山长江大跨越工程施工过程中，《输电线路特大型钢管塔》《输电线路钢管塔加工技术规程》等技术规范有助于现场理解掌握超高塔材的加工制造、验收要求，《大直径、扩径导线生产及展放防散股措施研究》为大跨越架线施工中预防导线散股提供了重要参考；在闽粤联网换流站技术支撑工作中，技术标准库中《气体绝缘金属封闭开关设备同频同相交流耐压试验导则》为支撑人员解决现场提出的GIS耐压专业问题提供支撑，得到了运行单位的认可，标准工艺库中收录的《常规直流换流站工程交流场分系统调试典型施工方法》在支撑闽粤换流站分系统调试方案编制和审核过程中提供了重要参考。

# 第六章 工 作 展 望

随着信息科学技术的不断发展，人们的生活生产活动逐渐积累了大量的数据，与此同时，人们对于精准获取信息的需求也在不断提高。“五库一平台”的价值体现在于能够在大量的成果文件中，提炼有效信息服务工程建设管理；打通各成果库间的壁垒，碎片化处理成果文件，建立不同成果文件间的关联关系，通过知识图谱、机器学习、知识挖掘等人工智能技术手段实现精准服务工程现场，将是“五库一平台”未来的研究重点。

## 1. 智能检索与辅助决策

智能检索与辅助决策指通过引入基于 AI 的搜索算法和文本分析平台，消除数据孤岛并检索成果文件数据中隐藏的信息，采用自然语言处理技术，从成果文件及用户检索生成的大数据中，拆解成果文件的属性，对文件进行标签化、结构化处理，训练 AI 算法逻辑，梳理互连数据源中的内容，实现更好、更快地为用户检索并提供更精准、更有效的检索结果。

在智能检索的基础上，深度结合大数据分析技术，针对工程现场施工、试验、调试等关键环节或关键对象，可根据检索需求，系统可以从与之相关的技术标准、标准工艺、典型经验、典型案例等成果文件中，提炼关键信息并一键打包发送至用户，为工程现场建设管理人员提供重要参考和辅助决策。

## 2. 关联阅读

关联阅读指通过建立不同成果文件内容之间的关联协同，可实现技术标准、管理制度知识点之间的相互关联查询阅读。比如在阅读某标准或制度时，若内容中出现其他引用的标准或制度，可通过点击链接实现跳转阅读，同样也可对标准或制度内的术语名词也可跳转查看术语解释，实现系统地理解掌握技术要点和管理要求。

## 3. 推荐阅读

推荐阅读是一种帮助用户在面对海量信息时快速定位所需知识成果的技术，根据用户的历史行为数据对用户偏好建模，为用户推荐其可能感兴趣的知识成果。目前该项技术已在社交网络、新闻媒体和电子商务等领域中均得到了广泛的应用。

在“五库一平台”的应用过程中，借助人工智能算法，通过提取并量化内容特征（文件主题、关键词等）、用户特征（角色、专业、常用搜索关键字等），完成对用户偏好和知识成果特征的联合建模，为用户精准画像，主动推送用户近期重点关注或感兴趣的成果文件，加强专业知识学习的系统性、连贯性、实效性，推动“五库一平台”的深化应用。

# 附　　录

## 附录1　国网特高压公司参与建成的特高压及柔性直流工程一览表

| 序号 | 工程名称 | 涉及单体工程名称 | 建设管理 | 投运日期 |
|---|---|---|---|---|
| 一 | 特高压交流工程 | | | |
| 1 | 晋东南—南阳—荆门特高压交流工程 | 1000kV晋东南—南阳—荆门特高压交流试验示范工程 | 晋东南站<br>南阳站<br>荆门站<br>全线645km | 2009年1月 |
| | | 1000kV晋东南—南阳—荆门特高压交流试验示范工程扩建工程 | 晋东南站扩建<br>南阳站扩建<br>荆门站扩建 | 2011年12月 |
| | | 漳泽电厂2×1000MW机组扩建项目1000kV送出工程 | 晋东南站扩建 | 2020年11月 |
| | | 长子高河2×660MW低热值煤发电项目1000kV送出工程 | 晋东南站扩建 | 2020年11月 |
| | | 长子赵庄2×660MW低热值煤发电项目1000kV送出工程 | 晋东南站扩建 | 2020年11月 |
| 2 | 皖电东送特高压交流工程 | 皖电东送淮南—上海特高压交流输电示范工程 | 淮南站<br>皖南站<br>浙北站<br>沪西站<br>全线2×656km | 2013年9月 |
| | | 安徽淮南平圩电厂三期1000kV送出工程 | 淮南站扩建 | 2015年4月 |
| | | 准东—华东（皖南）特高压直流配套工程 | 皖南站扩建 | 2018年4月 |
| | | 芜湖1000kV变电站主变压器扩建工程 | 皖南站扩建 | 2020年12月 |
| 3 | 浙北—福州特高压交流工程 | 浙北—福州1000kV特高压交流输变电工程 | 浙北站扩建 | 2014年12月 |
| 4 | 锡盟—山东特高压交流工程 | 锡盟—山东1000kV特高压交流输变电工程 | 锡盟站 | 2016年7月 |
| 5 | 淮南—南京—上海特高压交流工程 | 淮南—南京—上海1000kV特高压交流输变电工程 | 淮南站扩建<br>沪西站扩建 | 2016年9月 |
| | | 泰州1000kV特高压变电站主变压器扩建工程 | — | 2018年2月 |
| | | 苏州1000kV特高压变电站主变压器扩建工程 | — | 2018年5月 |
| | | 苏通GIL综合管廊工程 | — | 2019年9月 |
| | | 东吴1000kV变电站主变压器扩建工程 | — | 2020年7月 |

续表

| 序号 | 工程名称 | 涉及单体工程名称 | 建设管理 | 投运日期 |
|---|---|---|---|---|
| 6 | 蒙西—天津南特高压交流工程 | 蒙西—天津南 1000kV 特高压交流输变电工程 | 蒙西站 | 2016 年 11 月 |
| | | 晋北 1000kV 变电站主变压器扩建工程 | — | 2021 年 12 月 |
| 7 | 锡盟—胜利特高压交流工程 | 锡盟—胜利 1000kV 交流输变电工程 | 锡盟站扩建<br>胜利站 | 2017 年 7 月 |
| | | 内蒙古北方胜利电厂送出工程 | 胜利站扩建 | 2018 年 12 月 |
| | | 内蒙古大唐锡林浩特电厂送出工程 | 胜利站扩建 | 2018 年 12 月 |
| | | 内蒙古神华胜利电厂送出工程 | 胜利站扩建 | 2018 年 11 月 |
| 8 | 榆横—潍坊特高压交流工程 | 榆横—潍坊 1000kV 特高压交流输变电工程 | — | 2017 年 8 月 |
| | | 青州换流站配套 1000kV 交流工程 | — | 2017 年 9 月 |
| | | 榆能横山电厂 1000kV 送出工程 | — | 2018 年 6 月 |
| | | 陕能赵石畔电厂 1000kV 送出工程 | — | 2018 年 6 月 |
| | | 晋中 1000kV 变电站主变压器扩建工程 | — | 2021 年 11 月 |
| 9 | 北京西—石家庄特高压交流工程 | 北京西—石家庄 1000kV 交流特高压输变电工程 | — | 2019 年 6 月 |
| 10 | 山东—河北环网特高压交流工程 | 潍坊—临沂—枣庄—菏泽—石家庄特高压交流工程 | — | 2020 年 1 月 |
| | | 山东临沂换流站—临沂变电站 1000kV 交流输变电工程 | — | 2017 年 12 月 |
| 11 | 张北—雄安特高压交流工程 | 张北—雄安 1000kV 特高压交流输变电工程 | 张北站 | 2020 年 8 月 |
| 12 | 驻马店—南阳特高压交流工程 | 驻马店—南阳 1000kV 特高压交流输变电工程 | 南阳站扩建 | 2020 年 12 月 |
| 13 | 蒙西—晋中特高压交流工程 | 蒙西—晋中特高压交流工程 | 蒙西站扩建 | 2020 年 12 月 |
| 14 | 南昌—长沙特高压交流工程 | 南昌—长沙 1000kV 特高压交流输变电工程 | 南昌站 | 2021 年 12 月 |
| 15 | 南阳—荆门—长沙特高压交流工程 | 南阳—荆门—长沙 1000kV 特高压交流输变电工程 | 南阳扩<br>荆门扩<br>螺山长江大跨越工程 | 2022 年 10 月 |
| 二 | **特高压直流及柔直工程** | | | |
| 1 | 向家坝—上海±800kV 特高压直流输电示范工程 | | 复龙站<br>奉贤站<br>全线 1907km | 2010 年 7 月 |
| 2 | 锦屏—苏南±800kV 特高压直流输电工程 | | 裕隆站<br>同里站<br>全线 2097km | 2012 年 12 月 |
| 3 | 哈密南—郑州±800kV 特高压直流输电工程 | | 哈密南站<br>郑州站 | 2014 年 1 月 |
| 4 | 溪洛渡左岸—浙江金华±800kV 特高压直流输电工程 | | 双龙站 | 2014 年 7 月 |
| 5 | 灵州—绍兴±800kV 特高压直流输电工程 | | 灵州站 | 2016 年 9 月 |

续表

| 序号 | 工程名称 | 涉及单体工程名称 | 建设管理 | 投运日期 |
|---|---|---|---|---|
| 6 | 酒泉—湖南±800kV 特高压直流输电工程 | | 酒泉站 | 2017 年 6 月 |
| 7 | 晋北—南京±800kV 特高压直流输电工程 | | 晋北站 | 2017 年 7 月 |
| 8 | 锡盟—泰州±800kV 特高压直流输电工程 | | 锡盟站 | 2017 年 9 月 |
| 9 | 扎鲁特—青州±800kV 特高压直流工程 | | 扎鲁特站 | 2017 年 12 月 |
| 10 | 上海庙—临沂±800kV 特高压直流输电工程 | | 上海庙站 | 2019 年 1 月 |
| 11 | 准东—皖南±1100kV 特高压直流输电工程 | | 昌吉站<br>古泉站<br>300km | 2019 年 9 月 |
| 12 | 青海—河南±800kV 特高压直流输电工程 | | 海南站 | 2020 年 12 月 |
| 13 | 雅中—江西±800kV 特高压直流输电工程 | | 雅中站<br>南昌站 | 2021 年 6 月 |
| 14 | 陕北—武汉±800kV 特高压直流输电工程 | | 陕北站 | 2021 年 12 月 |
| 15 | 渝鄂直流背靠背联网工程 | | 恩施站<br>宜昌站 | 2019 年 6 月 |
| 16 | ±500kV 张北柔性直流电网试验示范工程 | | 丰宁站<br>北京站 | 2020 年 6 月 |

# 附录2 科技项目获奖情况一览表

| 序号 | 成果名称 | 获奖时间 | 所获奖励 | 获奖级别 |
|---|---|---|---|---|
| 1 | 以“一型四化”为核心的特高压工程建设环境保护管理与实践 | 2021年 | 中电联电力创新奖 | 创新大奖 |
| 2 | 输变电工程建设生态环境远程自动化监测技术及应用 | 2021年 | 中电联电力创新奖 | 二等奖 |
| 3 | “碳中和”背景下的特高压项目战略投资引入机制研究 | 2021年 | 中电联电力创新奖 | 二等奖 |
| 4 | 交流特高压工程环保监测与施工关键技术及应用 | 2020年 | 中国电力科技进步奖 | 一等奖 |
| 5 | 新一代大容量调相机研发及工程应用 | 2020年 | 中国机械工业科学技术进步奖 | 特等奖 |
| 6 | 高地震烈度区高压电气设备和建筑物减隔震关键技术研究及工程应用 | 2021年 | 中国电力规划设计协会电力工程科技进步奖 | 一等奖 |
| 7 | 移动厂房技术深化应用研究 | 2019年 | 国资委中央企业熠星创新创意大赛 | 三等奖 |
| 8 | 新一代大容量特高压直流输电技术开发及设备研制 | 2018年 | 国家电网公司科技进步奖 | 特等奖 |
| 9 | 新一代大容量调相机组性能综合优化、试验验证及整套调试关键技术 | 2019年 | 国家电网公司科技进步奖 | 一等奖 |
| 10 | ±1100kV直流输电技术研发、设备研制及工程应用 | 2021年 | 国家电网公司科技进步奖 | 特等奖 |
| 11 | 苏通长江隧道特高压气体绝缘金属封闭输电线路工程关键技术及应用 | 2021年 | 国家电网公司科技进步奖 | 特等奖 |
| 12 | 适用于大区电网互联复杂场景的高可靠性柔性直流技术开发及应用 | 2021年 | 国家电网公司科技进步奖 | 一等奖 |
| 13 | 1200kV整装式绝缘试验平台和工程应用 | 2021年 | 国家电网公司科技进步奖 | 三等奖 |
| 14 | ±1100kV换流变压器现场特殊试验关键技术及应用 | 2021年 | 国家电网公司科技进步奖 | 三等奖 |
| 15 | 换流变压器区域抗燃爆冲击能力提升技术及应用 | 2021年 | 国家电网公司科技进步奖 | 三等奖 |
| 16 | 1000kV串联电容器补偿装置施工关键技术研究 | 2016年 | 中电建协电力建设科技进步奖 | 一等奖 |
| 17 | 适应大规模特高压直流工程建设管控技术研究与应用 | 2016年 | 中电建协电力建设科技进步奖 | 一等奖 |

续表

| 序号 | 成果名称 | 获奖时间 | 所获奖励 | 获奖级别 |
|---|---|---|---|---|
| 18 | 装配式混凝土电缆沟在特高压工程中的应用研究 | 2016 年 | 中电建协电力建设科技进步奖 | 二等奖 |
| 19 | 特高压变电站电缆敷设三维辅助施工仿真系统 | 2016 年 | 中电建协电力建设科技进步奖 | 二等奖 |
| 20 | 特高压变电站主设备标准化施工工艺深化研究 | 2016 年 | 中电建协电力建设科技进步奖 | 二等奖 |
| 21 | 高压电力互感器集成检测装备关键技术研究与应用 | 2016 年 | 中电建协电力建设科技进步奖 | 二等奖 |
| 22 | 特高压电力设施接地网雷达检测系统研究及应用 | 2016 年 | 中电建协电力建设科技进步奖 | 二等奖 |
| 23 | 特高压交流输电线路工程特殊施工措施及锚筋群桩基础施工费用研究 | 2016 年 | 中电建协电力建设科技进步奖 | 二等奖 |
| 24 | 特高压变电站施工安全防护措施研究 | 2016 年 | 中电建协电力建设科技进步奖 | 二等奖 |
| 25 | 输电线路特种机械基坑开挖作业应用与深化研究 | 2016 年 | 中电建协电力建设科技进步奖 | 二等奖 |
| 26 | 特高压线路工程现场建设全景管控研究 | 2016 年 | 中电建协电力建设科技进步奖 | 三等奖 |
| 27 | 遥感技术实现特高压交流输电工程远程管控及施工辅助决策的关键技术研究 | 2016 年 | 中电建协电力建设科技进步奖 | 三等奖 |
| 28 | 特高压交流线路施工技术实施控制体系 | 2016 年 | 中电建协电力建设科技进步奖 | 三等奖 |
| 29 | 特高压变电站大容量电容器组专用开关电寿命试验平台建设 | 2016 年 | 中电建协电力建设科技进步奖 | 三等奖 |
| 30 | 特高压换流变压器温升控制研究 | 2016 年 | 中电建协电力建设科技进步奖 | 三等奖 |
| 31 | 解体式特高压变压器现场安装技术 | 2017 年 | 中电建协电力建设科技进步奖 | 一等奖 |
| 32 | 直升机吊装特高压塔成套技术研究 | 2017 年 | 中电建协电力建设科技进步奖 | 一等奖 |
| 33 | 换流站工程同进同出及安全质量监检平台 | 2017 年 | 中电建协电力建设科技进步奖 | 一等奖 |
| 34 | 高寒地区特高压设备安装关键技术 | 2017 年 | 中电建协电力建设科技进步奖 | 二等奖 |
| 35 | 高寒气候对特高压变电设备安装费用影响研究 | 2017 年 | 中电建协电力建设科技进步奖 | 二等奖 |
| 36 | 特高压主变低压侧加压核验方法 | 2017 年 | 中电建协电力建设科技进步奖 | 二等奖 |

续表

| 序号 | 成果名称 | 获奖时间 | 所获奖励 | 获奖级别 |
|---|---|---|---|---|
| 37 | 1000kV GIS设备接地模块的研制与应用 | 2017年 | 中电建协电力建设科技进步奖 | 二等奖 |
| 38 | 换流站超长GIS安装环境控制 | 2017年 | 中电建协电力建设科技进步奖 | 二等奖 |
| 39 | 1000kV特高压架构空中作业平台研发与应用 | 2017年 | 中电建协电力建设科技进步奖 | 三等奖 |
| 40 | 单桩基础高应变检测防护方法的研究 | 2017年 | 中电建协电力建设科技进步奖 | 三等奖 |
| 41 | 变压器油全自动滤油系统研究 | 2017年 | 中电建协电力建设科技进步奖 | 三等奖 |
| 42 | ±800kV换流站金具防电晕技术研究 | 2017年 | 中电建协电力建设科技进步奖 | 三等奖 |
| 43 | 微风化特殊地质条件接地技术研究 | 2017年 | 中电建协电力建设科技进步奖 | 三等奖 |
| 44 | 换流站SVC分系统调试标准研究 | 2017年 | 中电建协电力建设科技进步奖 | 三等奖 |
| 45 | 电缆沟侧壁模板桁架系统的应用 | 2017年 | 中电建协电力建设科技进步奖 | 三等奖 |
| 46 | 交流滤波器场分系统调试方法研究 | 2017年 | 中电建协电力建设科技进步奖 | 三等奖 |
| 47 | 国内首例特高压换流变安装措施 | 2017年 | 中电建协电力建设科技进步奖 | 三等奖 |
| 48 | 仓库软件管理研发与应用 | 2017年 | 中电建协电力建设科技进步奖 | 三等奖 |
| 49 | 特高压变电站一次设备连线预制工艺及施工技术 | 2018年 | 中电建协电力建设科技进步奖 | 二等奖 |
| 50 | ±1100kV特高压换流站施工技术研究 | 2018年 | 中电建协电力建设科技进步奖 | 二等奖 |
| 51 | 智慧工地指挥服务平台 | 2018年 | 中电建协电力建设科技进步奖 | 二等奖 |
| 52 | 避雷器多柱并联电流分布不均匀系数测量方法 | 2018年 | 中电建协电力建设科技进步奖 | 二等奖 |
| 53 | 伸缩臂式跨越封网装置 | 2018年 | 中电建协电力建设科技进步奖 | 三等奖 |
| 54 | 基于特高压本质安全提升的吊桥封闭式跨越施工关键技术研究 | 2018年 | 中电建协电力建设科技进步奖 | 三等奖 |
| 55 | 电网建设安规实施要点及措施的研究与实践 | 2018年 | 中电建协电力建设科技进步奖 | 三等奖 |

续表

| 序号 | 成果名称 | 获奖时间 | 所获奖励 | 获奖级别 |
|---|---|---|---|---|
| 56 | BIM 在 300Mvar 调相机工程综合应用 | 2018 年 | 中电建协电力建设科技进步奖 | 三等奖 |
| 57 | 新型组装式换流变轨道固定技术的研究与应用 | 2018 年 | 中电建协电力建设科技进步奖 | 三等奖 |
| 58 | GIS 主设备现场安装五级防尘措施研究 | 2018 年 | 中电建协电力建设科技进步奖 | 三等奖 |
| 59 | GIS 分支母线安装组合式环境控制系统研究 | 2018 年 | 中电建协电力建设科技进步奖 | 三等奖 |
| 60 | 特高压换流变核心区施工组织研究与技术应用 | 2018 年 | 中电建协电力建设科技进步奖 | 三等奖 |
| 61 | 特高压换流站现场油务处理标准化配置的研究 | 2018 年 | 中电建协电力建设科技进步奖 | 三等奖 |
| 62 | 隧道空间 GIL 安装技术装备及安全体系研究 | 2019 年 | 中电建协电力建设科技进步奖 | 一等奖 |
| 63 | 提升柔性直流换流阀安装质量的研究及应用 | 2019 年 | 中电建协电力建设科技进步奖 | 二等奖 |
| 64 | ±1100kV 户内直流场设备防电晕工艺 | 2019 年 | 中电建协电力建设科技进步奖 | 三等奖 |
| 65 | 柔性直流换流站阀厅网架顶升 | 2019 年 | 中电建协电力建设科技进步奖 | 三等奖 |
| 66 | 特高压直流输电工程施工临时占地控制研究 | 2019 年 | 中电建协电力建设科技进步奖 | 三等奖 |
| 67 | 基于无人机技术的特高压换流站场地平整 | 2019 年 | 中电建协电力建设科技进步奖 | 三等奖 |
| 68 | 柔性直流换流站分系统调试研究 | 2019 年 | 中电建协电力建设科技进步奖 | 三等奖 |
| 69 | 换流站消防自动化系统研究成果 | 2019 年 | 中电建协电力建设科技进步奖 | 三等奖 |
| 70 | 柔性直流阀厅 132 米超长屋面整板施工技术研究 | 2019 年 | 中电建协电力建设科技进步奖 | 三等奖 |
| 71 | 换流变阀厅封堵抗爆门技术研究 | 2019 年 | 中电建协电力建设科技进步奖 | 三等奖 |
| 72 | 新型降噪装置方案研究 | 2019 年 | 中电建协电力建设科技进步奖 | 三等奖 |
| 73 | 预制雨水、检查井在换流站工程中的应用研究 | 2019 年 | 中电建协电力建设科技进步奖 | 三等奖 |
| 74 | 高寒高海拔地区装配式电缆沟施工技术研究 | 2019 年 | 中电建协电力建设科技进步奖 | 三等奖 |

续表

| 序号 | 成果名称 | 获奖时间 | 所获奖励 | 获奖级别 |
|---|---|---|---|---|
| 75 | 柔直换流站质密刚性混凝土地坪施工技术研究 | 2019 年 | 中电建协电力建设科技进步奖 | 三等奖 |
| 76 | 交流特高压环保运输重型索道关键技术及应用 | 2020 年 | 中电建协电力建设科技进步奖 | 一等奖 |
| 77 | 关于支撑式管母线中阻尼线布置方式的研究 | 2020 年 | 中电建协电力建设科技进步奖 | 三等奖 |
| 78 | 一种底部连续坡度装配式电缆沟的应用分析 | 2020 年 | 中电建协电力建设科技进步奖 | 三等奖 |
| 79 | 换流站工程安全风险预警与广播呼叫技术 | 2020 年 | 中电建协电力建设科技进步奖 | 三等奖 |
| 80 | 土石方工程三维数据分析方法研究 | 2020 年 | 中电建协电力建设科技进步奖 | 三等奖 |
| 81 | 换流站防火墙附加层组合钢模系统 | 2020 年 | 中电建协电力建设科技进步奖 | 三等奖 |
| 82 | 特高压换流站常规电气交接试验标准工艺研究 | 2020 年 | 中电建协电力建设科技进步奖 | 三等奖 |
| 83 | 基于弹道理论的导引绳穿滑车弹射施工技术应用研究 | 2021 年 | 中电建协电力建设科技进步奖 | 一等奖 |
| 84 | 特高压换流站压缩空气泡沫灭火系统（CAFS）系统研究与实践 | 2021 年 | 中电建协电力建设科技进步奖 | 三等奖 |

# 附录3 国网特高压公司主编（参编）的技术标准清单

| 序号 | 标准类别 | 标准名称 | 标准号 |
|---|---|---|---|
| 1 | 国家标准 | 1000kV 系统电气装置安装工程电气设备交接试验标准 | GB 50832—2013 |
| 2 | 国家标准 | 1000kV 构支架施工及验收规范 | GB 50834—2013 |
| 3 | 国家标准 | 1000kV 电力变压器、油浸电抗器、互感器施工及验收规范 | GB 50835—2013 |
| 4 | 国家标准 | 1000kV 高压电器（GIS/HGIS、隔离开关、避雷器等）施工及验收规范 | GB 50836—2013 |
| 5 | 国家标准 | 110kV～750kV 架空输电线路施工及验收规范 | GB 50233—2014 |
| 6 | 国家标准 | 1000kV 输变电工程竣工验收与启动规范 | GB 50993—2014 |
| 7 | 国家标准 | ±800kV 换流站土建工程施工质量验收规范 | GB 50729—2012 |
| 8 | 国家标准 | ±800kV 及以下换流站干式平波电抗器施工及验收规范 | GB 50774—2012 |
| 9 | 国家标准 | ±800kV 及以下换流站换流阀施工及验收规范 | GB 50775—2012 |
| 10 | 国家标准 | ±800kV 及以下换流站换流变压器施工及验收规范 | GB 50776—2012 |
| 11 | 国家标准 | ±800kV 及以下换流站构支架施工及验收规范 | GB 50777—2012 |
| 12 | 电力行业标准 | 1000kV 架空送电线路铁塔组立施工工艺导则 | DL/T 5289—2013 |
| 13 | 电力行业标准 | 1000kV 架空送电线路张力架线施工工艺导则 | DL/T 5290—2013 |
| 14 | 电力行业标准 | 1000kV 输变电工程导地线液压施工工艺规程 | DL/T 5291—2013 |
| 15 | 电力行业标准 | 1000kV 架空送电线路施工质量检验及评定规程 | DL/T 5300—2013 |
| 16 | 电力行业标准 | 1000kV 架空输电线路无跨越架不停电跨越架线施工工艺导则 | DL/T 5301—2013 |
| 17 | 电力行业标准 | 1000kV 变电站电气装置安装工程施工质量检验及评定规程 | DL/T 5312—2013 |
| 18 | 电力行业标准 | 输变电工程项目质量管理规程 | DL/T 1362—2014 |
| 19 | 电力行业标准 | 架空输电线路大跨越工程施工及验收规范 | DL/T 5319—2014 |
| 20 | 电力行业标准 | 架空输电线路大跨越工程架线施工工艺导则 | DL/T 5320—2014 |
| 21 | 电力行业标准 | 1000kV 串联电容器补偿装置施工工艺导则 | DL/T 5726—2015 |
| 22 | 电力行业标准 | 110kV～750kV 架空输电线路施工质量检验及评定规程 | DL/T 5168—2016 |
| 23 | 电力行业标准 | 架空输电线路大跨越工程施工质量检验及评定规程 | DL/T 5732—2016 |
| 24 | 电力行业标准 | 输电线路接地模块导则 | DL/T 5733—2016 |
| 25 | 电力行业标准 | 110kV～750kV 架空输电线路铁塔组立施工工艺导则 | DL/T 5342—2018 |
| 26 | 电力行业标准 | 110kV～750kV 架空输电线路张力架线施工工艺导则 | DL/T 5343—2018 |
| 27 | 电力行业标准 | 管廊工程 1000kV 气体绝缘金属封闭输电线路施工及验收规范 | DL/T 5802—2019 |
| 28 | 电力行业标准 | ±800kV 高压直流输电工程系统试验规程 | DL/T 1131—2009 |
| 29 | 电力行业标准 | ±800kV 及以下直流换流站电气装置安装工程施工及验收规范 | DL/T 5232—2010 |
| 30 | 电力行业标准 | ±800kV 及以下直流换流站电气装置施工质量检验及评定规程 | DL/T 5233—2010 |
| 31 | 电力行业标准 | 直流换流站电气装置安装工程施工及验收规范 | DL/T 5232—2019 |
| 32 | 电力行业标准 | 直流换流站电气装置施工质量检验及评定规程 | DL/T 5233—2019 |
| 33 | 电力行业标准 | ±800kV 及以下直流输电工程启动及竣工验收规程 | DL/T 5234—2010 |
| 34 | 电力行业标准 | ±800kV 及以下直流架空输电线路工程施工及验收规程 | DL/T 5235—2010 |
| 35 | 电力行业标准 | ±800kV 及以下直流架空输电线路工程施工质量检验及评定规程 | DL/T 5236—2010 |
| 36 | 电力行业标准 | ±800kV 高压直流输电系统成套设计规程 | DL/T 5426—2009 |
| 37 | 电力行业标准 | 直流换流站二次电气设备交接验收试验规程 | DL/T 1129—2009 |

续表

| 序号 | 标准类别 | 标准名称 | 标准号 |
|---|---|---|---|
| 38 | 电力行业标准 | 高压直流输电工程系统试验规程 | DL/T 1130—2009 |
| 39 | 电力行业标准 | ±800kV 高压直流输电工程系统试验规程 | DL/T 1131—2009 |
| 40 | 电力行业标准 | ±800kV 及以下直流输电工程主要设备监理导则 | DL/T 399—2010 |
| 41 | 电力行业标准 | ±800kV 及以下直流输电系统接地极施工质量检验及评定规程 | DL/T 5275—2012 |
| 42 | 电力行业标准 | ±800kV 及以下换流站母线、跳线施工工艺导则 | DL/T 5276—2012 |
| 43 | 电力行业标准 | ±800kV 架空输电线路张力架线施工工艺导则 | DL/T 5286—2013 |
| 44 | 电力行业标准 | ±800kV 架空输电线路铁塔组立施工工艺导则 | DL/T 5287—2013 |
| 45 | 电力行业标准 | ±800kV 及以下直流输电接地极施工及验收规程 | DL/T 5231—2010 |
| 46 | 电力行业标准 | 直流输电工程启动及竣工验收规程 | DL/T 968—2005 |
| 47 | 国网企业标准 | 1000kV 架空输电线路施工及验收规范 | Q/GDW 1153—2012 |
| 48 | 国网企业标准 | 1000kV 及以下串联电容器补偿装置施工质量检验及评定规程 | Q/GDW 1852—2012 |
| 49 | 国网企业标准 | 1000kV 及以下串联电容器补偿装置施工及验收规范 | Q/GDW 1853—2012 |
| 50 | 国网企业标准 | 1000kV 及以下串联电容器补偿装置安装施工工艺导则 | Q/GDW 1854—2012 |
| 51 | 国网企业标准 | 1000kV 架空输电线路铁塔组立施工工艺导则 | Q/GDW 1860—2012 |
| 52 | 国网企业标准 | 特高压工程重大件设备运输监督规范 | Q/GDW 1861—2012 |
| 53 | 国网企业标准 | 1000kV “A” 型钢管构架安装施工工艺导则 | Q/GDW 1129—2013 |
| 54 | 国网企业标准 | 1000kV “A” 型柱钢管构架安装施工及验收规范 | Q/GDW 1130—2013 |
| 55 | 国网企业标准 | 1000kV “A” 型柱钢管构架安装施工质量及评定规程 | Q/GDW 1131—2013 |
| 56 | 国网企业标准 | 双平臂落地抱杆安装及验收规范 | Q/GDW 1141—2013 |
| 57 | 国网企业标准 | 特高压架空输电线路大跨越设计技术规定 | Q/GDW 1788—2013 |
| 58 | 国网企业标准 | 特高压交流工程用棒形悬式复合绝缘子现场交接验收规程 | Q/GDW 1789—2013 |
| 59 | 国网企业标准 | 架空输电线路施工专用货运索道 | Q/GDW 11189—2014 |
| 60 | 国网企业标准 | 架空输电线路施工专用货运索道施工工艺导则 | Q/GDW 1418—2014 |
| 61 | 国网企业标准 | 1000kV 母线装置施工工艺导则 | Q/GDW 10197—2016 |
| 62 | 国网企业标准 | 1000kV 母线装置施工及验收规范 | Q/GDW 10198—2016 |
| 63 | 国网企业标准 | 1000kV 解体运输式电力变压器安装工艺导则 | Q/GDW 11589—2016 |
| 64 | 国网企业标准 | 1000kV 架空输电线路施工质量检验及评定规程 | Q/GDW 10163—2017 |
| 65 | 国网企业标准 | 1000kV 变电站电气设备施工质量检验及评定规程 | Q/GDW 10189—2017 |
| 66 | 国网企业标准 | 直属单位劳动定员　第 2 部分：专业公司 | Q/GDW 11023. 2—2017 |
| 67 | 国网企业标准 | 1000kV 交流输变电工程系统调试规程 | Q/GDW 10284—2018 |
| 68 | 国网企业标准 | 盾构法电力隧道工程质量验收规范 | Q/GDW 11905—2018 |
| 69 | 国网企业标准 | 1000kV 电力变压器关键部件施工工艺导则 | Q/GDW 11906—2018 |
| 70 | 国网企业标准 | 1000kV GIS 设备移动式车间验收规范 | Q/GDW 11097—2018 |
| 71 | 国网企业标准 | 国家电网公司后勤保障　第 2 部分：重点工程建设 | Q/GDW 11967. 2—2019 |
| 72 | 国网企业标准 | ±800kV 架空送电线路施工及验收规范 | Q/GDW 10225—2018 |
| 73 | 国网企业标准 | ±800kV 架空输电线路张力架线施工工艺导则 | Q/GDW 10260—2018 |
| 74 | 国网企业标准 | 特高压直流输电用晶闸管技术规范 | Q/GDW 10261—2017 |
| 75 | 国网企业标准 | 大截面导线压接工艺导则 | Q/GDW 10571—2018 |
| 76 | 国网企业标准 | 直属单位劳动定员　第 2 部分：专业公司 | Q/GDW 11023. 2—2017 |
| 77 | 国网企业标准 | ±800kV 换流站工程换流变压器分系统调试规范 | Q/GDW 11500—2016 |
| 78 | 国网企业标准 | ±800kV 特高压直流换流站阀厅红外测温系统技术规范 | Q/GDW 11501—2016 |

续表

| 序号 | 标准类别 | 标准名称 | 标准号 |
|---|---|---|---|
| 79 | 国网企业标准 | ±1100kV 特高压直流工程换流站主要电气设备监造导则 | Q/GDW 11666—2017 |
| 80 | 国网企业标准 | 特高压直流输电工程分层接入交流电网系统试验规程 | Q/GDW 11740—2017 |
| 81 | 国网企业标准 | 直流输电用换流阀包装储运技术规范 | Q/GDW 11741—2017 |
| 82 | 国网企业标准 | ±1100kV 特高压直流设备交接试验 | Q/GDW 11743—2017 |
| 83 | 国网企业标准 | ±1100kV 换流站阀厅施工及验收规范 | Q/GDW 11745—2017 |
| 84 | 国网企业标准 | ±1100kV 换流站户内直流场建筑钢结构施工及验收规范 | Q/GDW 11746—2017 |
| 85 | 国网企业标准 | ±1100kV 换流站直流高压电器施工及验收规范 | Q/GDW 11747—2017 |
| 86 | 国网企业标准 | ±1100kV 换流站换流阀施工及验收规范 | Q/GDW 11748—2017 |
| 87 | 国网企业标准 | ±1100kV 特高压直流输电线路施工及验收规范 | Q/GDW 11749—2017 |
| 88 | 国网企业标准 | 特高压换流站分系统调试规范 第 1 部分：通则 | Q/GDW 11750. 1—2017 |
| 89 | 国网企业标准 | 特高压换流站分系统调试规范 第 2 部分：换流阀分系统调试规范 | Q/GDW 11750. 2—2017 |
| 90 | 国网企业标准 | 特高压换流站分系统调试规范 第 3 部分：换流变压器分系统调试 | Q/GDW 11750. 3—2017 |
| 91 | 国网企业标准 | 特高压换流站分系统调试规范 第 4 部分：较流场分系统调试 | Q/GDW 11750. 4—2017 |
| 92 | 国网企业标准 | 特高压换流站分系统调试规范 第 5 部分：交流滤波场分系统调试 | Q/GDW 11750. 5—2017 |
| 93 | 国网企业标准 | 特高压换流站分系统调试规范 第 6 部分：直流场分系统调试 | Q/GDW 11750. 6—2017 |
| 94 | 国网企业标准 | 特高压换流站分系统调试规范 第 7 部分：站用电分系统调试 | Q/GDW 11750. 7—2017 |
| 95 | 国网企业标准 | 特高压换流站分系统调试规范 第 8 部分：辅助系统及其他分系统调试 | Q/GDW 11750. 8—2017 |
| 96 | 国网企业标准 | 特高压换流站分系统调试规范 第 9 部分：控制保护设备分系统调试 | Q/GDW 11750. 9—2017 |
| 97 | 国网企业标准 | ±1100kV 换流站换流变压器施工及验收规范 | Q/GDW 11751—2017 |
| 98 | 国网企业标准 | ±1100kV 换流站电气设备施工技术监督导致 | Q/GDW 11870—2018 |
| 99 | 国网企业标准 | 柔性直流换流站交接验收规程 第 1 部分：通则 | Q/GDW 11953. 1—2019 |
| 100 | 国网企业标准 | 柔性直流换流站交接验收规程 第 2 部分：换流阀 | Q/GDW 11953. 2—2019 |
| 101 | 国网企业标准 | 柔性直流换流站交接验收规程 第 3 部分：换流（联接）变压器 | Q/GDW 11953. 3—2019 |
| 102 | 国网企业标准 | 柔性直流换流站交接验收规程 第 4 部分：启动回路 | Q/GDW 11953. 4—2019 |
| 103 | 国网企业标准 | 柔性直流换流站交接验收规程 第 5 部分：直流高压电器 | Q/GDW 11953. 5—2019 |
| 104 | 国网企业标准 | 柔性直流换流站交接验收规程 第 6 部分：交流耗能装置 | Q/GDW 11953. 6—2019 |
| 105 | 国网企业标准 | 柔性直流换流站交接验收规程 第 7 部分：母线装置 | Q/GDW 11953. 7—2019 |
| 106 | 国网企业标准 | 柔性直流换流站交接验收规程 第 8 部分：屏、柜及二次回路接线 | Q/GDW 11953. 8—2019 |
| 107 | 国网企业标准 | 特高压换流站固定式压缩空气泡沫灭火系统应用技术规范 第 2 部分：施工规范 | Q/GDW 12034. 2—2020 |
| 108 | 国网企业标准 | ±1100kV 换流站施工质量评价导则 | Q/GDW 12035—2020 |
| 109 | 国网企业标准 | ±800kV 直流系统电气设备交接试验 | Q/GDW 1275—2015 |
| 110 | 国网企业标准 | ±800kV 换流站用直流套管技术规范 | Q/GDW 1281—2015 |
| 111 | 国网企业标准 | 高压直流输电工程系统试验规程 | Q/GDW 139—2006 |
| 112 | 国网企业标准 | ±800kV 高压直流输电系统用平波电抗器技术规范之一油浸式平波电抗器 | Q/GDW 148—2006 |
| 113 | 国网企业标准 | ±800kV 高压直流输电系统用平波电抗器技术规范之二干式平波电抗器 | Q/GDW 149—2006 |
| 114 | 国网企业标准 | ±800kV 高压直流输电系统用套管技术规范 | Q/GDW 150—2006 |

续表

| 序号 | 标准类别 | 标准名称 | 标准号 |
|---|---|---|---|
| 115 | 国网企业标准 | 直流输电工程启动及竣工验收规程 | Q/GDW 1798—2013 |
| 116 | 国网企业标准 | ±800kV 直流输电系统成套设计技术规程 | Q/GDW 253—2009 |
| 117 | 国网企业标准 | ±800kV 直流输电工程系统试验规程 | Q/GDW 254—2009 |
| 118 | 国网企业标准 | ±800kV 换流站大型设备安装施工工艺导则 | Q/GDW 255—2009 |
| 119 | 国网企业标准 | ±800kV 换流站构支架组立施工工艺导则 | Q/GDW 256—2009 |
| 120 | 国网企业标准 | ±800kV 换流站母线、跳线施工工艺导则 | Q/GDW 257—2009 |
| 121 | 国网企业标准 | ±800kV 高压直流输电用传感器通用技术规范 | Q/GDW 259—2009 |
| 122 | 国网企业标准 | ±800kV 直流系统用 6in（1in=0.0254m）晶闸管技术规范 | Q/GDW 261—2009 |
| 123 | 国网企业标准 | ±800kV 架空输电线路铁塔组立施工工艺导则 | Q/GDW 262—2009 |
| 124 | 国网企业标准 | ±800kV 直流系统电气设备监造导则 | Q/GDW 263—2009 |
| 125 | 国网企业标准 | ±800kV 直流输电工程换流站电气二次设备交接验收试验规程 | Q/GDW 264—2009 |
| 126 | 国网企业标准 | ±800kV 换流站用金属氧化物避雷器技术规范 | Q/GDW 276—2009 |
| 127 | 国网企业标准 | ±800kV 直流支柱绝缘子技术规范 | Q/GDW 279—2009 |
| 128 | 国网企业标准 | ±800kV 高压直流输电系统用换流阀通用技术规范 | Q/GDW 288—2009 |
| 129 | 国网企业标准 | ±800kV 换流站用直流隔离开关和接地开关技术规范 | Q/GDW 289—2009 |
| 130 | 国网企业标准 | ±800kV 特高压直流设备预防性试验规程 | Q/GDW 299—2009 |
| 131 | 国网企业标准 | 高压直流输电交直流滤波器及并联电容器装置技术规范 | Q/GDW 494—2010 |
| 132 | 国网企业标准 | 高海拔多年冻土地区输电线路杆塔基础施工工艺导则 | Q/GDW 525—2010 |
| 133 | 国网企业标准 | ±800kV 特高压直流输电控制与保护设备　第 1 部分：总则 | Q/GDW 700.1—2012 |
| 134 | 国网企业标准 | ±800kV 特高压直流输电控制与保护设备　第 2 部分：运行人员控制系统 | Q/GDW 700.2—2012 |
| 135 | 国网企业标准 | ±800kV 特高压直流输电控制与保护设备　第 3 部分：交直流系统站控设备 | Q/GDW 700.3—2012 |
| 136 | 国网企业标准 | ±800kV 特高压直流输电控制与保护设备　第 4 部分：直流系统极控设备 | Q/GDW 700.4—2012 |
| 137 | 国网企业标准 | ±800kV 特高压直流输电控制与保护设备　第 5 部分：直流系统保护设备 | Q/GDW 700.5—2012 |
| 138 | 国网企业标准 | ±800kV 特高压直流输电控制与保护设备　第 6 部分：换流站辅助二次设备 | Q/GDW 700.6—2012 |
| 139 | 国网企业标准 | 国家电网公司纸质档案数字化规范 | Q/GDW 10135—2022 |
| 140 | 国网企业标准 | ±800kV 级直流系统控制和保护技术规范 | Q/GDW 265—2009 |
| 141 | 国网企业标准 | 直流转换开关震荡特性现场测量导则 | Q/GDW 11871—2018 |
| 142 | 国网企业标准 | ±800kV 换流站换流变压器施工及验收规范 | Q/GDW 220—2008 |
| 143 | 国网企业标准 | ±800kV 换流站换流阀施工及验收规范 | Q/GDW 221—2008 |
| 144 | 国网企业标准 | ±800kV 直流输电系统接地极施工质量检验及评定规程 | Q/GDW 228—2008 |
| 145 | 国网企业标准 | 直流换流站交流出线最后一台断路器跳闸功能逻辑设计技术规范 | Q/GDW 337—2009 |
| 146 | 国网企业标准 | ±800kV 架空输电线路张力架线施工工艺导则 | Q/GDW 568—2010 |
| 147 | 国网企业标准 | 换流站直流系统保护装置标准化规范 | Q/GDW 628—2011 |
| 148 | 电力团体标准 | 输变电工程用液压绞磨技术规范 | T/CSEE 0009—2016 |
| 149 | 电力团体标准 | 输变电工程用电动扭矩扳手技术条件规范 | T/CSEE 0078—2018 |
| 150 | 电力团体标准 | 直流输电工程大型调相机组设备监造技术导则 | T/CEC 234—2019 |
| 151 | 电力团体标准 | 柔性直流电网换流站高压电气设备施工及验收规范 | T/CSEE 0241.26—2021 |
| 152 | 电力团体标准 | 1000kV 可控并联电抗器施工及验收规范 | T/CSEE 0301—2022 |
| 153 | 电力团体标准 | 架空输电线路水土保持质量检验及评定规程 | T/CSEE 0302—2022 |

# 附录4　国网特高压公司获得有效授权专利清单

| 序号 | 专利名称 | 专利类型 | 专利号 | 公开日期 |
|---|---|---|---|---|
| 1 | 一种单向防跑线装置 | 发明 | CN106711857B | 2018/6/29 |
| 2 | 线圈类设备局部放电故障三维模拟培训系统 | 发明 | CN104751714B | 2016/4/6 |
| 3 | 用于高寒地区特（超）高压变压器安装的保温棚温度控制方法 | 发明 | CN105971150B | 2019/1/18 |
| 4 | 一种适用于陡波侵入GIS绝缘状态在线监测诊断方法及装置 | 发明 | CN103728543B | 2016/3/16 |
| 5 | 一种跨越封网装置 | 发明 | CN106586921B | 2019/1/4 |
| 6 | 一种具有导轨提升系统的跨越架 | 发明 | CN106564799B | 2019/1/4 |
| 7 | 一种GIL安装机具及控制系统和方法 | 发明 | CN108381482B | 2020/3/3 |
| 8 | 一种安全自控装置 | 发明 | CN107188056B | 2018/11/9 |
| 9 | 一种基于卫星遥感图像的自然灾害风险监测系统 | 发明 | CN105809372B | 2022/1/21 |
| 10 | 一种通信终端、设备和系统 | 发明 | CN103236872B | 2016/3/23 |
| 11 | 软母线预制用安装装置 | 发明 | CN106384963B | 2020/8/11 |
| 12 | 一种基于速度控制的双向防跑线保护器 | 发明 | CN106877241B | 2018/5/18 |
| 13 | 输电线路施工过程的管控系统及管控方法 | 发明 | CN107390613B | 2020/8/28 |
| 14 | 一种基于速度控制的防跑线保护器 | 发明 | CN106848931B | 2018/5/18 |
| 15 | 一种槽型出线装置 | 发明 | CN102709840B | 2015/8/5 |
| 16 | 用于特（超）高压变压器安装的保温棚的保温方法 | 发明 | CN105910168B | 2018/12/28 |
| 17 | 高原山地基坑开挖施工设备 | 发明 | CN104196072B | 2016/8/24 |
| 18 | 一种移动厂房防风加固装置 | 发明 | CN104100014B | 2016/12/7 |
| 19 | 一种安全自锁式溜放器 | 发明 | CN107857173B | 2020/6/30 |
| 20 | 一种覆盖式出线装置 | 发明 | CN102780173B | 2016/1/13 |
| 21 | 牵引机远程智能协同控制系统及控制方法 | 发明 | CN101751029B | 2012/5/23 |
| 22 | 一种GIL运输机具及控制方法 | 发明 | CN108382408B | 2020/3/13 |
| 23 | 放线系统及方法 | 发明 | CN102025119B | 2012/10/10 |
| 24 | 一种迪尼玛绳无损快速锚线器及其操作方法 | 发明 | CN106451198B | 2018/1/30 |
| 25 | 软母线下料长度计算方法及装置 | 发明 | CN106570239B | 2021/4/16 |
| 26 | 高原山地基坑开挖施工设备的钻进掏挖提土装置 | 发明 | CN104265164B | 2016/4/13 |
| 27 | 用于气体绝缘金属封闭输电线路中管道连接的辅助机具 | 发明 | CN108832547B | 2019/11/22 |
| 28 | 用于高寒地区特（超）高压变压器安装的保温棚的保温墙体厚度调整方法 | 发明 | CN105909003B | 2019/1/18 |
| 29 | 一种输电线路施工中绝缘杆用滑车 | 发明 | CN105470865B | 2019/2/15 |
| 30 | 变电站扩径软母线安装方法 | 发明 | CN106786269B | 2021/3/26 |
| 31 | 六方接头构件 | 发明 | CN106089879B | 2019/2/12 |
| 32 | 掏挖钻机 | 发明 | CN102140888B | 2013/6/12 |
| 33 | 一种附着式抱杆 | 发明 | CN106115498B | 2018/12/28 |

续表

| 序号 | 专利名称 | 专利类型 | 专利号 | 公开日期 |
|---|---|---|---|---|
| 34 | 一种伸缩臂封网跨越架 | 发明 | CN107394678B | 2019/9/20 |
| 35 | 一种解体式特高压交流变压器现场组装方法 | 发明 | CN106024360B | 2018/3/20 |
| 36 | 换流阀设备低压加压试验方法及系统 | 发明 | CN101833055B | 2013/5/8 |
| 37 | 安装式模板、安装式模板组和成套安装式模板装置 | 发明 | CN103195079B | 2016/8/3 |
| 38 | 一种高压输电线施工中编网用滑车 | 发明 | CN105429055B | 2018/9/28 |
| 39 | 一种高压输电施工时封网用转向滑车 | 发明 | CN105591315B | 2018/3/20 |
| 40 | 一种吊笼系统 | 发明 | CN105256990B | 2019/1/11 |
| 41 | 一种基于三重预警的全过程监造闭环管理系统及方法 | 发明 | CN107784447B | 2022/1/25 |
| 42 | 一种组装式吊桥出线装置 | 发明 | CN102709841B | 2015/5/13 |
| 43 | 一种 U 型网的封网方法 | 发明 | CN105591318B | 2018/4/3 |
| 44 | 一种特高压串补平台的提升控制方法及装置 | 发明 | CN102285594B | 2013/1/9 |
| 45 | 一种双向防跑线装置 | 发明 | CN106786181B | 2018/6/26 |
| 46 | 高原山地基坑开挖施工设备的掏挖提土装置 | 发明 | CN104265156B | 2016/4/13 |
| 47 | 一种多功能智能掏挖机 | 发明 | CN105625942B | 2019/2/26 |
| 48 | 用于特（超）高压电抗器安装的保温棚的保温方法 | 发明 | CN105909002B | 2019/1/18 |
| 49 | 一种移动厂房屋顶防风装置 | 实用新型 | CN204139645U | 2015/2/4 |
| 50 | 一种通信设备 | 实用新型 | CN203119890U | 2013/8/7 |
| 51 | 一种整体密封的移动厂房 | 实用新型 | CN204199798U | 2015/3/11 |
| 52 | 一种齿轮式适应不同坡度边坡上下的步梯 | 实用新型 | CN212176683U | 2020/12/18 |
| 53 | 一种具有轨道防尘密封结构的移动厂房 | 实用新型 | CN204081571U | 2015/1/7 |
| 54 | 一种用于脚手架的连接组件 | 实用新型 | CN214220578U | 2021/9/17 |
| 55 | 便于对预埋件进行微调的预埋件预装装置 | 实用新型 | CN210976101U | 2020/7/10 |
| 56 | 一种软包结构和应用所述软包结构的移动厂房和防尘棚 | 实用新型 | CN204081095U | 2015/1/7 |
| 57 | 一种移动式厂房设备的连续轨道基础 | 实用新型 | CN204080547U | 2015/1/7 |
| 58 | 一种尾绳自动盘绕装置 | 实用新型 | CN203127907U | 2013/8/14 |
| 59 | 基于卫星遥感图像的森林火灾远程监测系统 | 实用新型 | CN205582179U | 2016/9/14 |
| 60 | 一种多主梁框架式吊装设备 | 实用新型 | CN205687427U | 2016/11/16 |
| 61 | 一种绝缘气体处理装置 | 实用新型 | CN207893410U | 2018/9/21 |
| 62 | 组合式双芯板防屈曲支撑 | 实用新型 | CN211143366U | 2020/7/31 |
| 63 | 一种可移动的电源箱小车 | 实用新型 | CN206826705U | 2018/1/2 |
| 64 | 一种槽钢式管母横梁的安全绳挂点 | 实用新型 | CN206829656U | 2018/1/2 |
| 65 | 一种管形管母横梁的安全绳挂点 | 实用新型 | CN206829655U | 2018/1/2 |
| 66 | 一种砂轮切割机的防护装置 | 实用新型 | CN206326509U | 2017/7/14 |
| 67 | 一种脚手架保护套 | 实用新型 | CN205088938U | 2016/3/16 |
| 68 | 电力施工用多功能配电箱 | 实用新型 | CN215343545U | 2021/12/28 |
| 69 | 一种扬尘防护装置 | 实用新型 | CN205088971U | 2016/3/16 |
| 70 | 一种吊笼系统 | 实用新型 | CN205088934U | 2016/3/16 |
| 71 | 基于油浸式电抗器的特高压 GIS 整装式绝缘试验平台 | 实用新型 | CN209231458U | 2019/8/9 |
| 72 | 一种 GIL 安装车架 | 实用新型 | CN207926059U | 2018/9/28 |
| 73 | 一种连杆式适应不同坡度边坡上下的步梯 | 实用新型 | CN212201432U | 2020/12/22 |

续表

| 序号 | 专利名称 | 专利类型 | 专利号 | 公开日期 |
|---|---|---|---|---|
| 74 | 一种管廊运输系统 | 实用新型 | CN207860044U | 2018/9/14 |
| 75 | 一种用于抱杆的背弓式结构 | 实用新型 | CN206815944U | 2017/12/29 |
| 76 | 一种闪光对焊机的防护设备 | 实用新型 | CN206824805U | 2018/1/2 |
| 77 | 一种变电站长母线筒的安装托架 | 实用新型 | CN203883346U | 2014/10/15 |
| 78 | 一种液位监测装置 | 实用新型 | CN206573185U | 2017/10/20 |
| 79 | 一种电力柜内部静电集尘处理装置 | 实用新型 | CN213409047U | 2021/6/11 |
| 80 | 一种覆盖式出线装置 | 实用新型 | CN202906288U | 2013/4/24 |
| 81 | 一种变电站建设用电力检修可调人字梯 | 实用新型 | CN215595445U | 2022/1/21 |
| 82 | 特高压变电站模拟投运校验系统的电容补偿装置 | 实用新型 | CN205791552U | 2016/12/7 |
| 83 | 一种缆风绳固定装置 | 实用新型 | CN205259203U | 2016/5/25 |
| 84 | 一种具有挡脚板的工作平台 | 实用新型 | CN206329023U | 2017/7/14 |
| 85 | 一种具有导轨提升系统的跨越架 | 实用新型 | CN206108640U | 2017/4/19 |
| 86 | 一种防火墙的安全绳挂点 | 实用新型 | CN206329056U | 2017/7/14 |
| 87 | 一种辅助安装装置 | 实用新型 | CN203707624U | 2014/7/9 |
| 88 | ±800kV 耐张塔更换单片玻璃绝缘子托钩 | 实用新型 | CN203983847U | 2014/12/3 |
| 89 | 特高压 $SF_6$ 现场交流绝缘试验电抗器 | 实用新型 | CN209231460U | 2019/8/9 |
| 90 | 一种用于 GIS 安装及维护的防尘室 | 实用新型 | CN207559395U | 2018/6/29 |
| 91 | 一种变电站隔离开关的安装托架 | 实用新型 | CN203707625U | 2014/7/9 |
| 92 | 一种用于移动式防尘室的便携式环境控制系统 | 实用新型 | CN207557799U | 2018/6/29 |
| 93 | 一种一体式特高压试验电抗器的起竖转运装置 | 实用新型 | CN209258989U | 2019/8/16 |
| 94 | 一种组合式移动防尘室 | 实用新型 | CN207504438U | 2018/6/15 |
| 95 | 基于卫星遥感图像的泥石流预警系统 | 实用新型 | CN205582213U | 2016/9/14 |
| 96 | 一种输电线路杆塔施工工程监测系统 | 实用新型 | CN207439401U | 2018/6/1 |
| 97 | 一种 GIL 管廊施工安全保障系统 | 实用新型 | CN207867312U | 2018/9/14 |
| 98 | 一种用于 GIL 管廊的气体探测报警系统 | 实用新型 | CN207924875U | 2018/9/28 |
| 99 | 一种管道调节安装装置 | 实用新型 | CN207858193U | 2018/9/14 |
| 100 | 一种电缆沟专用推具 | 实用新型 | CN214124769U | 2021/9/3 |
| 101 | 一种用于 GIL 管廊的车辆监控系统 | 实用新型 | CN207924732U | 2018/9/28 |
| 102 | 一种气体绝缘封闭开关的故障定位装置 | 实用新型 | CN203894377U | 2014/10/22 |
| 103 | 一种电力塔组构件吊装装置及其抱杆 | 实用新型 | CN204199836U | 2015/3/11 |
| 104 | 一种配电柜的电气元件安装板 | 实用新型 | CN213753615U | 2021/7/20 |
| 105 | 一种砂石堆场防尘棚 | 实用新型 | CN214402901U | 2021/10/15 |
| 106 | 一种 V 型绝缘子串悬吊式管母安装工具 | 实用新型 | CN214755186U | 2021/11/16 |
| 107 | 一种用于 GIL 的环境控制装备 | 实用新型 | CN208112095U | 2018/11/16 |
| 108 | 一种管道安装调整装置 | 实用新型 | CN207893249U | 2018/9/21 |
| 109 | 一种导引绳弹 | 实用新型 | CN212210291U | 2020/12/22 |
| 110 | 一种自提升装置 | 实用新型 | CN206815945U | 2017/12/29 |
| 111 | 改进型回转式间隔棒专用扳手 | 实用新型 | CN203983845U | 2014/12/3 |
| 112 | 塔吊标准节与抱杆标准节的转接件 | 实用新型 | CN206917377U | 2018/1/23 |
| 113 | 一种换流站模型的 AR 展示装置 | 实用新型 | CN215569149U | 2022/1/18 |
| 114 | 一种 U 型封网装置 | 实用新型 | CN205355752U | 2016/6/29 |

续表

| 序号 | 专利名称 | 专利类型 | 专利号 | 公开日期 |
|---|---|---|---|---|
| 115 | 桥壁电抗器地脚螺栓预埋安装用圆形定位盘 | 实用新型 | CN210975874U | 2020/7/10 |
| 116 | 一种设置在构架横梁上的软母线挂点 | 实用新型 | CN205265195U | 2016/5/25 |
| 117 | 用于高寒地区特/超高压变压器安装的保温棚保护套、保温棚顶棚及保温棚棚体 | 实用新型 | CN205712516U | 2016/11/23 |
| 118 | 一种变电站电力建设用工具箱 | 实用新型 | CN215037333U | 2021/12/7 |
| 119 | 一种附着式自提升抱杆 | 实用新型 | CN206815946U | 2017/12/29 |
| 120 | 一种视频采集设备和视频监控系统 | 实用新型 | CN203120060U | 2013/8/7 |
| 121 | 一种移动泵站及 GIL 安装系统 | 实用新型 | CN207921032U | 2018/9/28 |
| 122 | 一种 GIL 运输机具液压泵站及运输机具 | 实用新型 | CN207892910U | 2018/9/21 |
| 123 | 一种槽型出线装置 | 实用新型 | CN202616669U | 2012/12/19 |
| 124 | 一种电力管线运输车用动力系统 | 实用新型 | CN207859998U | 2018/9/14 |
| 125 | 一种 GIL 运输机具车架及运输机具 | 实用新型 | CN207943088U | 2018/10/9 |
| 126 | 一种变电站的施工用吊装装置 | 实用新型 | CN214989681U | 2021/12/3 |
| 127 | 一种安全自控装置 | 实用新型 | CN206814310U | 2017/12/29 |
| 128 | 一种辅助支承机构 | 实用新型 | CN207926060U | 2018/9/28 |
| 129 | 一种土建安全施工用送料推梯 | 实用新型 | CN214653424U | 2021/11/9 |
| 130 | 一种输电线路施工中绝缘杆用滑车 | 实用新型 | CN205355670U | 2016/6/29 |
| 131 | 一种导线拖放滑车 | 实用新型 | CN205873502U | 2017/1/11 |
| 132 | 一种用于高寒地区特/超高压变压器安装的保温棚 | 实用新型 | CN205713285U | 2016/11/23 |
| 133 | 一种附着式抱杆 | 实用新型 | CN205953369U | 2017/2/15 |
| 134 | 一种电力工程管理线缆回收装置 | 实用新型 | CN211654427U | 2020/10/9 |
| 135 | 一种具有限位器的临时盖板 | 实用新型 | CN205259223U | 2016/5/25 |
| 136 | 一种电力施工电缆脱皮装置 | 实用新型 | CN213584947U | 2021/6/29 |
| 137 | 一种特高压变电站模拟投运校验系统 | 实用新型 | CN205679701U | 2016/11/9 |
| 138 | 一种混凝土养护全自动化智能控制装置 | 实用新型 | CN206718123U | 2017/12/8 |
| 139 | 一种绳弹发射装置 | 实用新型 | CN212022987U | 2020/11/27 |
| 140 | 一种输电线施工用辅助横担 | 实用新型 | CN205355669U | 2016/6/29 |
| 141 | 一种水平伸缩臂和电力管线运输装置 | 实用新型 | CN207892951U | 2018/9/21 |
| 142 | 一种木工圆盘锯的安全防护装置 | 实用新型 | CN205651471U | 2016/10/19 |
| 143 | 一种液压泵站及 GIL 安装系统 | 实用新型 | CN207920994U | 2018/9/28 |
| 144 | 一种跨越架 | 实用新型 | CN206516975U | 2017/9/22 |
| 145 | 一种用于 GIS 安装及维护的环境监测系统 | 实用新型 | CN207488762U | 2018/6/12 |
| 146 | 一种绝缘气体处理装置 | 实用新型 | CN207893412U | 2018/9/21 |
| 147 | 基于 $SF_6$ 绝缘电抗器的特高压 GIS 整装式绝缘试验平台 | 实用新型 | CN209231459U | 2019/8/9 |
| 148 | 一种封网结构 | 实用新型 | CN206364443U | 2017/7/28 |
| 149 | 一种组装式吊桥出线装置 | 实用新型 | CN202737383U | 2013/2/13 |
| 150 | 一种绝缘气体处理装置 | 实用新型 | CN207892899U | 2018/9/21 |
| 151 | 一种混凝土养护自动洒水装置 | 实用新型 | CN212535150U | 2021/2/12 |
| 152 | 一种用于特高压现场试验中的分裂式扩径导线 | 实用新型 | CN209264902U | 2019/8/16 |
| 153 | 一种多功能智能掏挖机 | 实用新型 | CN205591827U | 2016/9/21 |

续表

| 序号 | 专利名称 | 专利类型 | 专利号 | 公开日期 |
| --- | --- | --- | --- | --- |
| 154 | 一种用于防尘室的电动天窗 | 实用新型 | CN207598088U | 2018/7/10 |
| 155 | 一种用于土木工程的装配式插接件 | 实用新型 | CN215054003U | 2021/12/7 |
| 156 | 基于卫星遥感图像的水土保持监测系统 | 实用新型 | CN205582212U | 2016/9/14 |
| 157 | 基于卫星遥感图像的林草覆盖率远程监测系统 | 实用新型 | CN205582007U | 2016/9/14 |
| 158 | 一种基于卫星遥感图像的暴雪灾害监测预警系统 | 实用新型 | CN206946671U | 2018/1/30 |
| 159 | 一种用于 GIS 安装及维护的组合式防尘室 | 实用新型 | CN207559420U | 2018/6/29 |
| 160 | 用于特/超高压电抗器安装的保温棚 | 实用新型 | CN205713286U | 2016/11/23 |
| 161 | 一种用于充气保温棚的吊装架 | 实用新型 | CN205590153U | 2016/9/21 |
| 162 | 一种用于特/超高压变压器安装的保温棚 | 实用新型 | CN205713423U | 2016/11/23 |
| 163 | 一种稳定性高的井字架 | 实用新型 | CN209066842U | 2019/7/5 |
| 164 | 一种移动厂房外墙防风装置 | 实用新型 | CN204081114U | 2015/1/7 |
| 165 | GIS 法兰对接定位装置 | 实用新型 | CN203150966U | 2013/8/21 |
| 166 | 一种钢筋切断机的安全防护罩 | 实用新型 | CN205085329U | 2016/3/16 |
| 167 | 一种跨越封网装置 | 实用新型 | CN206108848U | 2017/4/19 |
| 168 | 一种构架梁 | 实用新型 | CN205088975U | 2016/3/16 |
| 169 | 六方接头构件 | 实用新型 | CN205908585U | 2017/1/25 |
| 170 | 一种基于卫星遥感图像的草原火灾监测预警装置 | 实用新型 | CN206557950U | 2017/10/13 |
| 171 | 一种安全帽 | 实用新型 | CN203194647U | 2013/9/18 |
| 172 | 一种施工现场监控设备 | 实用新型 | CN204517954U | 2015/7/29 |
| 173 | 基于卫星遥感图像的房屋拆迁远程监测系统 | 实用新型 | CN206601498U | 2017/10/31 |
| 174 | 一种变压器滤油系统 | 实用新型 | CN206558323U | 2017/10/13 |
| 175 | 高原山地基坑开挖施工设备的提土装置 | 实用新型 | CN204000892U | 2014/12/10 |
| 176 | 一种抱杆倒装组立提升装置 | 实用新型 | CN206815943U | 2017/12/29 |
| 177 | 变电施工用的便携式维修工具箱 | 实用新型 | CN215395158U | 2022/1/4 |
| 178 | 一种混凝土冬季施工用移动式养护车间 | 实用新型 | CN213927668U | 2021/8/10 |
| 179 | 一种绝缘子串油漆喷涂工具 | 实用新型 | CN214390793U | 2021/10/15 |
| 180 | 一种特高压现场试验用无局放充气式均压环 | 实用新型 | CN209198604U | 2019/8/2 |
| 181 | 电力工程用的电缆绝缘层切割刀具 | 实用新型 | CN215300020U | 2021/12/24 |
| 182 | 一种抱杆组立无线视频监控系统 | 实用新型 | CN206820895U | 2017/12/29 |
| 183 | 一种构架柱的安全绳挂点 | 实用新型 | CN206829758U | 2018/1/2 |
| 184 | 附着式抱杆自提升装置 | 实用新型 | CN203924874U | 2014/11/5 |
| 185 | 一种土木工程用水平尺 | 实用新型 | CN214793145U | 2021/11/19 |
| 186 | 一种可控投切的多挡位输出智能变压器装置 | 实用新型 | CN205681318U | 2016/11/9 |
| 187 | 1000kV 变电站 GIS 基础智能养护及远程监控装置 | 实用新型 | CN213634176U | 2021/7/6 |
| 188 | 一种电缆敷设用辅助收卷装置 | 实用新型 | CN215101160U | 2021/12/10 |
| 189 | 一种集装箱 | 实用新型 | CN207551028U | 2018/6/29 |
| 190 | 一种用于高寒地区特/超高压变压器安装的保温棚顶棚 | 实用新型 | CN205713413U | 2016/11/23 |
| 191 | 一种高度调节器 | 实用新型 | CN205088928U | 2016/3/16 |
| 192 | 装配式耐张串 | 实用新型 | CN206907577U | 2018/1/19 |
| 193 | 悬浮抱杆组塔全程监控系统 | 实用新型 | CN202694078U | 2013/1/23 |

续表

| 序号 | 专利名称 | 专利类型 | 专利号 | 公开日期 |
| --- | --- | --- | --- | --- |
| 194 | 一种变电站电缆埋管的穿线装置 | 实用新型 | CN214673971U | 2021/11/9 |
| 195 | 专用高空就位平台 | 实用新型 | CN203230166U | 2013/10/9 |
| 196 | 用于转运换流变压器的轨道小车及转运系统 | 实用新型 | CN206485340U | 2017/9/12 |
| 197 | 一种 GIL 运输机具支腿及运输机具 | 实用新型 | CN207860155U | 2018/9/14 |
| 198 | 一种链条式适应不同坡度边坡上下的步梯 | 实用新型 | CN212201431U | 2020/12/22 |
| 199 | 一种 GIL 安装机具行走机构 | 实用新型 | CN207834933U | 2018/9/7 |
| 200 | 液压制弯器 | 实用新型 | CN204035408U | 2014/12/24 |
| 201 | 一种钢筋切断机的防护罩 | 实用新型 | CN206326058U | 2017/7/14 |
| 202 | 一种便携式电力工程基建地面承载检测装置 | 实用新型 | CN211652333U | 2020/10/9 |
| 203 | 一种吸声隔声水泥基装配式围墙墙板 | 实用新型 | CN214034366U | 2021/8/24 |
| 204 | 一种用于绳弹发射的瞄准控制装置及发射系统 | 实用新型 | CN212022986U | 2020/11/27 |
| 205 | 一种土木工程用筛沙机 | 实用新型 | CN215390705U | 2022/1/4 |
| 206 | 一种安装在溜放器上的传动锁止机构 | 实用新型 | CN206658006U | 2017/11/21 |
| 207 | 一种变电站的施工用电缆切割装置 | 实用新型 | CN215144286U | 2021/12/14 |
| 208 | 一种新型自动调整抱杆吊臂 | 实用新型 | CN203922528U | 2014/11/5 |
| 209 | 一种用于楼板上预埋套管的加固装置 | 实用新型 | CN214246610U | 2021/9/21 |
| 210 | 一种基于卫星遥感图像的植被恢复监测装置 | 实用新型 | CN206601330U | 2017/10/31 |
| 211 | 一种用于 GIL 管廊的火灾自动报警系统 | 实用新型 | CN207867656U | 2018/9/14 |
| 212 | 一种基于卫星遥感图像的施工扰动面积远程监测系统 | 实用新型 | CN207149032U | 2018/3/27 |
| 213 | 电网建设用微型牵张机 | 实用新型 | CN203607748U | 2014/5/21 |
| 214 | 一种具有耐撞结构的电力测量用万用表 | 实用新型 | CN215575322U | 2022/1/18 |
| 215 | 一种防缠绕的电线电缆摆放架 | 实用新型 | CN215478838U | 2022/1/11 |
| 216 | 一种电力工人故障检测用安全帽 | 实用新型 | CN215455743U | 2022/1/11 |
| 217 | 一种新型电力接地桩 | 实用新型 | CN215579102U | 2022/1/18 |
| 218 | 一种管道内壁防腐喷涂器 | 实用新型 | CN215784356U | 2022/2/11 |
| 219 | 一种建筑施工用地面找平辅助装置 | 实用新型 | CN215803300U | 2022/2/11 |
| 220 | 一种混凝土养护用热循环系统 | 实用新型 | CN215926817U | 2022/3/1 |
| 221 | 一种可调节角度的土建施工用灯 | 实用新型 | CN215982216U | 2022/3/8 |
| 222 | 控制电路及控制装置 | 实用新型 | CN216016453U | 2022/3/11 |
| 223 | 一种电力电缆拉直设备 | 实用新型 | CN216176160U | 2022/4/5 |
| 224 | 一种换流站土建施工用便于组装的基坑开挖防塌装置 | 实用新型 | CN216339583U | 2022/4/19 |
| 225 | 一种土建施工用小型升降设备 | 实用新型 | CN216340761U | 2022/4/19 |
| 226 | 一种实用性高的电力建设用电缆放线架 | 实用新型 | CN217281897U | 2022/8/23 |
| 227 | 绝缘油过滤系统 | 实用新型 | CN217139569U | 2022/8/9 |
| 228 | 一种颜料喷射装置 | 实用新型 | CN217017138U | 2022/7/22 |
| 229 | 一种具有收集线缆功能的电力建设用现场施工小车 | 实用新型 | CN216613515U | 2022/5/27 |
| 230 | 一种防尘室及防尘系统 | 实用新型 | CN216921530U | 2022/7/8 |
| 231 | 一种电力工程用的电缆压接钳 | 实用新型 | CN217087098U | 2022/7/29 |
| 232 | 多功能移动物联网采集车 | 实用新型 | CN216783351U | 2022/6/21 |
| 233 | 一种用于 GIL 安装的龙门式起重机系统 | 实用新型 | CN216889795U | 2022/7/5 |
| 234 | 变电站施工用基座防护装置 | 实用新型 | CN216720684U | 2022/6/10 |

续表

| 序号 | 专利名称 | 专利类型 | 专利号 | 公开日期 |
|---|---|---|---|---|
| 235 | 一种用于户外气体绝缘金属封闭开关设备 GIS 的安装装置 | 实用新型 | CN217087300U | 2022/7/29 |
| 236 | 一种 GIS 安装用可移动式防尘棚 | 实用新型 | CN217215533U | 2022/8/16 |
| 237 | 特高压换流站低运高建智能化安全防护装置 | 实用新型 | CN217238875U | 2022/8/19 |
| 238 | 变电站建设施工用基坑内支撑装置 | 实用新型 | CN216689434U | 2022/6/7 |
| 239 | 一种检测装置及系统 | 实用新型 | CN217132487U | 2022/8/5 |
| 240 | 一种电力工程用电缆表面清理装置 | 实用新型 | CN217314680U | 2022/8/30 |
| 241 | 一种绝缘油的含气量检测仪 | 实用新型 | CN217332454U | 2022/8/30 |
| 242 | 一种绝缘油检测仪 | 实用新型 | CN216956034U | 2022/7/12 |
| 243 | 一种滑块式预埋件固定工装 | 实用新型 | CN216739728U | 2022/6/14 |
| 244 | 一种建筑模板的连接锁紧装置 | 实用新型 | CN217299789U | 2022/8/26 |
| 245 | 一种检测装置及系统 | 实用新型 | CN217236864U | 2022/8/19 |
| 246 | 一种 GIS 安装防护用防尘棚 | 实用新型 | CN217215532U | 2022/8/16 |
| 247 | 一种变电站施工作业用安全围栏 | 实用新型 | CN217269340U | 2022/8/23 |
| 248 | 一种工程钢模板变形调整装置 | 实用新型 | CN217315213U | 2022/8/30 |
| 249 | 一种用于 GIS 导体安装的辅助小车 | 实用新型 | CN217406018U | 2022/9/9 |
| 250 | 液压紧线机 | 外观设计 | CN304006020S | 2017/1/11 |
| 251 | 紧线机单联泵液压系统 | 外观设计 | CN303969532S | 2016/12/14 |

# 附录5　特高压工程建设技术标准体系框架

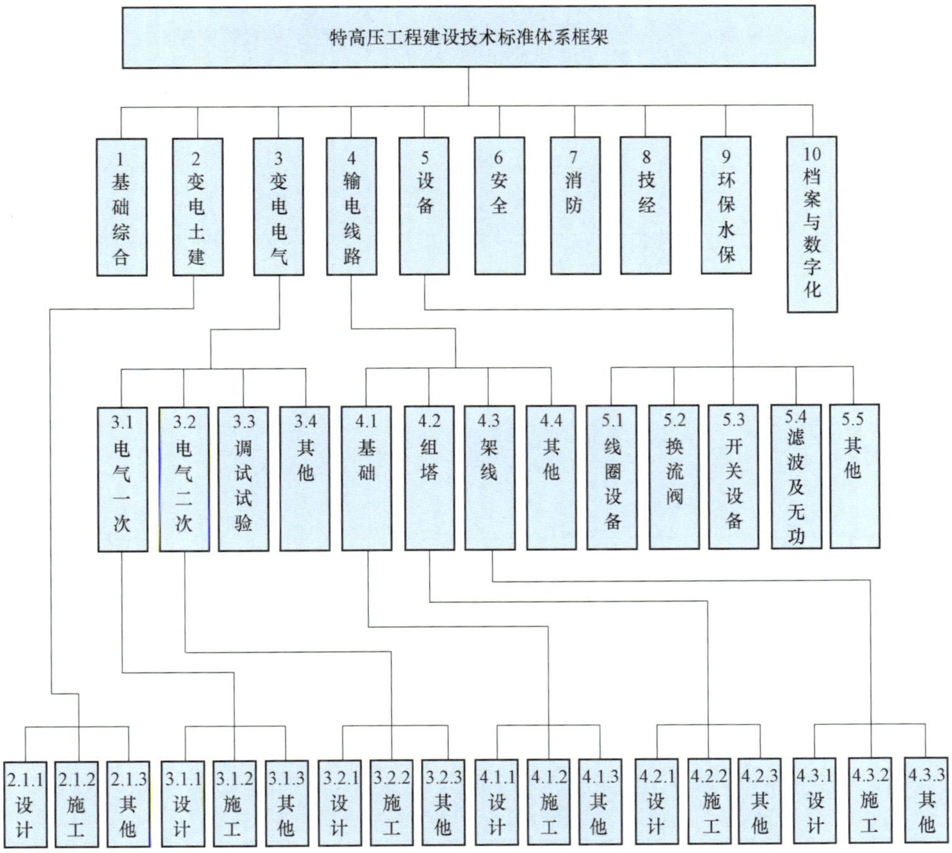

# 附录6　技术标准清单模板

| 序号 | 中文名称 | 标准/文件号 | 专业 | 工程实体 | | | 类别 | 代替标准 | 采用关系 | 发布日期 | 实施日期 |
|---|---|---|---|---|---|---|---|---|---|---|---|
| | | | | 变电土建 | 变电电气 | 输电 | | | | | |
| | | | | | | | | | | | |
| | | | | | | | | | | | |
| | | | | | | | | | | | |
| | | | | | | | | | | | |
| | | | | | | | | | | | |

# 附录7　技术标准差异分析模板

| 专业 | 工程实体 | | | 序号 | 关键词 | 运行标准 | | 基建标准 | | 差异点及分析 | 执行意见 |
|---|---|---|---|---|---|---|---|---|---|---|---|
| | 变电土建 | 变电电气 | 输电 | | | 名称 | 条文内容 | 名称 | 条文内容 | | |
| | | | | | | | | | | | |
| | | | | | | | | | | | |
| | | | | | | | | | | | |
| | | | | | | | | | | | |
| | | | | | | | | | | | |

# 附录8 工艺标准清单模板

| 序号 | 工艺编号 | 工艺标准名称 | 专业 | 一级名称 | 二级名称 | 工程实体 | | | 类别 | 依托工程 |
|---|---|---|---|---|---|---|---|---|---|---|
| | | | | | | 变电土建 | 变电电气 | 输电 | | |
| | | | | | | | | | | |
| | | | | | | | | | | |
| | | | | | | | | | | |
| | | | | | | | | | | |
| | | | | | | | | | | |

# 附录 9 工艺标准编制模板

## 工艺标准名称：******

| 一级名称：****工程 | | | | |
|---|---|---|---|---|
| 二级名称：****工程 | | | | |
| 工艺编号 | 项目/工艺名称 | 工艺标准 | 施工要点 | 图片示例 |
| ****** | 工艺标准名称<br>***** | | | <br>(a) ********* |

# 附录10 典型工法清单模板

| 序号 | 典型施工方法编号 | 典型施工方法名称 | 专业 | 工程实体 | | | 类别 | 依托工程 |
|---|---|---|---|---|---|---|---|---|
| | | | | 变电土建 | 变电电气 | 输电 | | |
| | | | | | | | | |
| | | | | | | | | |
| | | | | | | | | |
| | | | | | | | | |
| | | | | | | | | |

# 附录 11　典型工法编制模板

典型施工方法名称：＊＊＊＊＊典型施工方法
典型施工方法编号：
编　制　单　位：
主　要　完　成　人：

# 目　次

# 附录 12 典型设计方案清单模板

| 序号 | 设计方案编号 | 设计方案名称 | 设计专业 | 工程实体 | | | 依托工程 |
|---|---|---|---|---|---|---|---|
| | | | | 变电土建 | 变电电气 | 输电 | |
| | | | | | | | |
| | | | | | | | |
| | | | | | | | |
| | | | | | | | |
| | | | | | | | |

# 附录 13 典型经验清单模板

| 序号 | 典型经验名称 | 专业 | 工程实体 | | | 依托工程 | 关键词 |
|---|---|---|---|---|---|---|---|
| | | | 变电土建 | 变电电气 | 输电 | | |
| | | | | | | | |
| | | | | | | | |
| | | | | | | | |
| | | | | | | | |
| | | | | | | | |

# 附录 14　典型经验编制模板

一、题目 *****

（一）工作创新点

（二）实施要点

（三）适用范围

（四）小结

# 附录 15　典型案例清单模板

| 序号 | 典型案例名称 | 专业 | 工程实体 | | | 依托工程 | 关键词 |
|---|---|---|---|---|---|---|---|
| | | | 变电土建 | 变电电气 | 输电 | | |
| | | | | | | | |
| | | | | | | | |
| | | | | | | | |
| | | | | | | | |
| | | | | | | | |

# 附录16 典型案例编制模板

一、题目 ＊＊＊＊＊

（一）事件描述

（二）事件分析

（三）解决措施/处理原则/指导意见

（四）改进建议/工作启示

# 附录 17　科技成果清单模板

| 序号 | 成果名称 | 关键词 | 专业 | 工程实体 | | | 类别 | 依托工程 | 验收日期 |
|---|---|---|---|---|---|---|---|---|---|
| | | | | 变电土建 | 变电电气 | 输电 | | | |
| | | | | | | | | | |
| | | | | | | | | | |
| | | | | | | | | | |
| | | | | | | | | | |
| | | | | | | | | | |

# 附录18 科技项目储备清单模板

| 序号 | 项目名称 | 专业类别 | 存在问题及需求必要性说明 | 国内外研究现状 | 需研究的技术（装备）内容 | 预期目标和成果指标 | 成果应用场景及转化前景 | 研究周期 | 预计费用（万元） | 填报人 | 部门 | 入库时间 | 项目状态 |
|---|---|---|---|---|---|---|---|---|---|---|---|---|---|
| | | | | | | | | | | | | | |
| | | | | | | | | | | | | | |
| | | | | | | | | | | | | | |
| | | | | | | | | | | | | | |
| | | | | | | | | | | | | | |

# 附录20　特高压工程建设管理制度清单

| 序号 | 制度名称 | 文号 | 专业 | 级别 |
|---|---|---|---|---|
| 1 | 国家电网有限公司基建管理通则 | 国网（基建/1）92—2021 | 项目管理 | 国网公司级 |
| 2 | 国家电网有限公司基建项目管理规定 | 国网（基建/2）111—2019 | 项目管理 | 国网公司级 |
| 3 | 国家电网公司输变电工程前期管理办法 | 国网（基建/3）803—2016 | 项目管理 | 国网公司级 |
| 4 | 国家电网有限公司输变电工程设计施工监理队伍选择专业管理办法 | 国网（基建3）116—2021 | 项目管理 | 国网公司级 |
| 5 | 国家电网有限公司输变电工程进度计划管理办法 | 国网（基建/3）179—2019 | 项目管理 | 国网公司级 |
| 6 | 国家电网有限公司输变电工程业主项目部管理办法 | 国网（基建/3）180—2019 | 项目管理 | 国网公司级 |
| 7 | 国家电网公司关于进一步规范电网工程建设管理的若干意见 | 国家电网基建〔2014〕87号 | 项目管理 | 国网公司级 |
| 8 | 国家电网有限公司业主项目部标准化管理手册 | 2021版 | 项目管理 | 国网公司级 |
| 9 | 国家电网有限公司监理项目部标准化管理手册（变电工程分册） | 2021版 | 项目管理 | 国网公司级 |
| 10 | 国家电网有限公司监理项目部标准化管理手册（线路工程分册） | 2021版 | 项目管理 | 国网公司级 |
| 11 | 国家电网有限公司施工项目部标准化管理手册（变电工程分册） | 2021版 | 项目管理 | 国网公司级 |
| 12 | 国家电网有限公司施工项目部标准化管理手册（线路工程分册） | 2021版 | 项目管理 | 国网公司级 |
| 13 | 国网基建部关于深化业主监理施工项目部建设的通知 | 基建计划〔2021〕45号 | 项目管理 | 国网公司级 |
| 14 | 国网基建部关于进一步加强输变电工程临时用地等依法合规建设手续管理的通知 | 基建计划〔2020〕65号 | 项目管理 | 国网公司级 |
| 15 | 国家电网有限公司关于全面实施输变电工程参建人员实名制信息化全程管控的通知 | 国家电网基建〔2019〕108号 | 项目管理 | 国网公司级 |
| 16 | 国家电网有限公司基建施工装备管理办法 | 国家电网企管〔2019〕426号 | 项目管理 | 国网公司级 |
| 17 | 国网特高压部关于印发特高压工程第一批“放管服”事项工作分工的通知 | 特综合〔2019〕50号 | 项目管理 | 国网公司级 |
| 18 | 国家电网公司特高压及跨区交流电网工程建设管理办法（试行） | 国家电网交流〔2013〕105号 | 项目管理 | 国网公司级 |
| 19 | 国家电网公司特高压及跨区交流电网工程前期专题评估工作管理实施细则（试行） | 国家电网交流〔2013〕105号 | 项目管理 | 国网公司级 |
| 20 | 国家电网公司特高压及跨区交流电网工程安全质量技术进度管理实施细则（试行） | 国家电网交流〔2013〕105号 | 项目管理 | 国网公司级 |
| 21 | 国网直流部关于加强直流工程依法合规建设管理的十二项规定 | 直流计划〔2013〕339号 | 项目管理 | 国网公司级 |
| 22 | 国网直流部关于印发《直流控制保护软件（建设阶段）管理规定》的通知 | 直流换流〔2016〕65号 | 项目管理 | 国网公司级 |

续表

| 序号 | 制度名称 | 文号 | 专业 | 级别 |
|---|---|---|---|---|
| 23 | 国网直流部关于印发换流站工程临建管理办法的通知 | 直流换流〔2015〕29号 | 项目管理 | 国网公司级 |
| 24 | 关于印发《国家电网公司直流线路工程设计管理和质量考核评价细则（试行）》的通知 | 直流线路〔2012〕157号 | 项目管理 | 国网公司级 |
| 25 | 关于进一步明确特高压直流线路工程专业化管理职责的通知 | 直流线路〔2012〕175号 | 项目管理 | 国网公司级 |
| 26 | 关于印发《国家电网公司直流线路工程通道清理工作管理办法（试行）》的通知 | 直流线路〔2012〕200号 | 项目管理 | 国网公司级 |
| 27 | 关于印发《国家电网公司直流线路工程尾工管理办法（试行）》的通知 | 直流线路〔2012〕202号 | 项目管理 | 国网公司级 |
| 28 | 关于印发《国家电网公司直流线路工程标准化建设管理工作流程（试行）》的通知 | 直流线路〔2012〕204号 | 项目管理 | 国网公司级 |
| 29 | 关于印发《国家电网公司直流线路工程标准化开工管理办法（试行）》的通知 | 直流线路〔2012〕205号 | 项目管理 | 国网公司级 |
| 30 | 关于印发《国家电网公司直流线路工程业主、监理、施工项目部考核评价办法（试行）》的通知 | 直流线路〔2012〕207号 | 项目管理 | 国网公司级 |
| 31 | 国家电网有限公司输变电工程建设安全管理规定 | 国网（基建/2）173—2021 | 安全管理 | 国网公司级 |
| 32 | 国家电网有限公司输变电工程建设安全责任考核办法 | 国网（基建/3）956—2021 | 安全管理 | 国网公司级 |
| 33 | 国家电网公司安全工作规定 | 国网（安监/2）406—2016 | 安全管理 | 国网公司级 |
| 34 | 国家电网公司电力安全工作规程（电网建设部分）（试行） | 国家电网安质〔2016〕212 | 安全管理 | 国网公司级 |
| 35 | 国家电网有限公司作业安全风险管控工作规定 | 安监二〔2021〕26号 | 安全管理 | 国网公司级 |
| 36 | 国家电网公司输变电工程施工安全风险预警管控工作规范（试行） | 国家电网安质〔2015〕972号 | 安全管理 | 国网公司级 |
| 37 | 国家电网有限公司安全隐患排查治理管理办法 | 安监一〔2022〕5号 | 安全管理 | 国网公司级 |
| 38 | 国家电网有限公司安全教育培训工作规定 | 国网（安监/4）984—2019 | 安全管理 | 国网公司级 |
| 39 | 国家电网有限公司安全生产反违章工作管理办法 | 安监二〔2021〕26号 | 安全管理 | 国网公司级 |
| 40 | 国家电网有限公司关于进一步加大安全生产违章惩处力度的通知 | 国家电网安监〔2022〕106号 | 安全管理 | 国网公司级 |
| 41 | 国家电网有限公司业务外包安全监督管理办法 | 安监二〔2021〕26号 | 安全管理 | 国网公司级 |
| 42 | 国家电网有限公司电力建设起重机械安全监督管理办法 | 安监二〔2021〕26号 | 安全管理 | 国网公司级 |
| 43 | 国家电网有限公司电力安全工器具管理规定 | 安监二〔2021〕26号 | 安全管理 | 国网公司级 |
| 44 | 电力建设工程施工安全监督管理办法 | 安质二〔2015〕41号 | 安全管理 | 国网公司级 |
| 45 | 国家电网有限公司工程监理安全监督管理办法 | 安监二〔2021〕26号 | 安全管理 | 国网公司级 |
| 46 | 国家电网公司应急工作管理规定 | 国网（安监/2）483—2019 | 安全管理 | 国网公司级 |
| 47 | 国家电网有限公司安全事故调查规程 | 国家电网安监〔2020〕820号 | 安全管理 | 国网公司级 |
| 48 | 国家电网有限公司关于印发新建直流换流站现场安全管理职责分工的通知 | 电网特〔2022〕170号 | 安全管理 | 国网公司级 |
| 49 | 国家电网有限公司关于进一步加强特高压工程常态化疫情防控与现场安全管控工作的通知 | 国家电网特〔2020〕393号 | 安全管理 | 国网公司级 |
| 50 | 国网特高压部关于印发特高压工程安全管理提升重点措施的通知 | 特综合〔2020〕2号 | 安全管理 | 国网公司级 |

续表

| 序号 | 制度名称 | 文号 | 专业 | 级别 |
|---|---|---|---|---|
| 51 | 国网交流部关于切实加强特高压交流工程安全管理工作的要求 | 交流输电〔2016〕72号 | 安全管理 | 国网公司级 |
| 52 | 国家电网公司特高压直流线路工程劳务分包"同进同出"管理实施细则（试行） | 直流线路〔2013〕269号 | 安全管理 | 国网公司级 |
| 53 | 新建特高压换流站现场安全管理职责分工 | 直流换流〔2013〕364号 | 安全管理 | 国网公司级 |
| 54 | 国网直流部关于印发《国家电网公司特高压直流线路工程安全监督及考核实施细则（试行）》的通知 | 直流线路〔2015〕17号 | 安全管理 | 国网公司级 |
| 55 | 国网直流部关于印发《特高压直流输电线路工程现场强化安全监督管理专项措施（试行）》的通知 | 直流线路〔2015〕71号 | 安全管理 | 国网公司级 |
| 56 | 特高压直流输电线路工程施工机具监督检查大纲（试行） | 直流线路〔2015〕141号 | 安全管理 | 国网公司级 |
| 57 | 特高压直流输电线路工程施工专用货运索道安全评估工作大纲（试行） | 直流线路〔2018〕67号 | 安全管理 | 国网公司级 |
| 58 | 国家电网有限公司输变电工程建设质量管理规定 | 国网（基建/2）112—2022 | 质量管理 | 国网公司级 |
| 59 | 国家电网有限公司输变电工程达标投产考核及优质工程评选管理办法 | 国网基建（基建3）182—2019 | 质量管理 | 国网公司级 |
| 60 | 国家电网公司输变电工程标准工艺管理办法 | 国网（基建/3）186—2015 | 质量管理 | 国网公司级 |
| 61 | 国家电网有限公司输变电工程质量验收管理办法 | 国网（基建/3）188—2022 | 质量管理 | 国网公司级 |
| 62 | 国家电网有限公司关于进一步加强输变电工程质量管控重点举措的通知 | 国家电网基建〔2018〕1104号 | 质量管理 | 国网公司级 |
| 63 | 国家电网有限公司关于加强输变电工程设备材料质量检测工作的通知 | 国家电网基建〔2020〕531号 | 质量管理 | 国网公司级 |
| 64 | 国家电网有限公司关于进一步加强输变电工程施工质量验收管理的通知 | 国家电网基建〔2020〕509号 | 质量管理 | 国网公司级 |
| 65 | 输变电工程施工质量验收统一表式 | — | 质量管理 | 国网公司级 |
| 66 | 输变电工程设备材料质量检测工作手册 | — | 质量管理 | 国网公司级 |
| 67 | 输变电工程质量视频管控工作手册 | — | 质量管理 | 国网公司级 |
| 68 | 国家电网公司输变电工程质量通病防治工作要求及技术措施 | 基建质量〔2010〕19号 | 质量管理 | 国网公司级 |
| 69 | 国网基建部关于印发输变电工程达标投产考核工作手册和质量验收实测实量项目清单的通知 | 基建安质〔2021〕27号 | 质量管理 | 国网公司级 |
| 70 | 国家电网公司质量事件调查管理办法 | 国网（安监/4）603—2016 | 质量管理 | 国网公司级 |
| 71 | 国网特高压部关于印发特高压及直流线路工程基础质量检测管理等3项工作指导意见的通知 | 特线路〔2021〕13号 | 质量管理 | 国网公司级 |
| 72 | 国家电网公司特高压及跨区交流电网工程竣工验收及启动调试管理实施细则（试行） | 国家电网交流〔2013〕105号 | 质量管理 | 国网公司级 |
| 73 | 国网直流部关于进一步做好换流变轨道设计、施工及验收工作的通知 | 直流技〔2016〕132号 | 质量管理 | 国网公司级 |
| 74 | 关于印发国家电网公司换流站工程质量管理办法（试行）的通知 | 直流换流〔2012〕292号 | 质量管理 | 国网公司级 |

续表

| 序号 | 制度名称 | 文号 | 专业 | 级别 |
|---|---|---|---|---|
| 75 | 关于印发《国家电网公司直流线路工程竣工验收办法（试行）》的通知 | 直流线路〔2012〕198 号 | 质量管理 | 国网公司级 |
| 76 | 提升直流输电线路工程建设质量实施指导意见（试行） | 直流线路〔2012〕199 号 | 质量管理 | 国网公司级 |
| 77 | 国家电网公司直流线路工程质量管理办法（试行） | 直流线路〔2012〕206 号 | 质量管理 | 国网公司级 |
| 78 | 国网直流部关于印发《国家电网公司特高压直流线路工程建设安全质量 30 项强制性管控措施》的通知 | 直流线路〔2013〕268 号 | 质量管理 | 国网公司级 |
| 79 | 国网直流部关于印发进一步提高 1250 平方毫米大截面导线架线质量管控措施的通知 | 直流线路〔2016〕62 号 | 质量管理 | 国网公司级 |
| 80 | 国家优质工程奖评选办法 | 2020 年修订版 | 质量管理 | 中国施工企业管理协会 |
| 81 | 中国建设工程鲁班奖（国家优质工程）评选办法 | 2021 年修订 | 质量管理 | 中国建筑业协会 |
| 82 | 中国电力优质工程评审及推荐办法 | 2022 版 | 质量管理 | 中国电力建设企业协会 |
| 83 | 国家电网公司基建技术管理规定 | 国网（基建/2）174—2015 | 技术管理 | 国网公司级 |
| 84 | 国家电网公司输变电工程初步设计审批管理办法 | 国网（基建/3）115—2021 | 技术管理 | 国网公司级 |
| 85 | 国家电网公司输变电工程设计质量管理办法 | 国网（基建/3）117—2019 | 技术管理 | 国网公司级 |
| 86 | 国家电网有限公司基建新技术研究与应用管理办法 | 国网（基建/3）178—2019 | 技术管理 | 国网公司级 |
| 87 | 国家电网有限公司输变电工程通用设计通用设备管理办法 | 国网（基建/3）183—2015 | 技术管理 | 国网公司级 |
| 88 | 国家电网公司输变电工程设计变更与现场签证管理办法 | 国网（基建/3）185—2017 | 技术管理 | 国网公司级 |
| 89 | 国家电网有限公司基建数字化管理办法 | 国网（基建/3）828—2021 | 技术管理 | 国网公司级 |
| 90 | 设备停电计划管理规定（试行） | 调计〔2012〕174 号 | 技术管理 | 国网公司级 |
| 91 | 国家电网有限公司关于进一步加强特高压全过程技术监督工作的通知 | 国家电网设备〔2020〕438 号 | 技术管理 | 国网公司级 |
| 92 | 国家电网公司科技工作管理办法 | 国网（科 1）536—2020 | 技术管理 | 国网公司级 |
| 93 | 国家电网公司科技项目管理办法 | 国网（科/2）263—2019 | 技术管理 | 国网公司级 |
| 94 | 国家电网公司科技项目预算编制实施细则 | 国网（科 3）264—2017 | 技术管理 | 国网公司级 |
| 95 | 国家电网公司总部管理科技项目实施及验收管理细则 | 国网（科/3）110—2020 | 技术管理 | 国网公司级 |
| 96 | 国网特高压部关于印发特高压换流站治安反恐防范设计指导意见的通知 | — | 技术管理 | 国网公司级 |
| 97 | 特高压工程线路材料监造技术评价细则 | 特线路〔2020〕9 号 | 技术管理 | 国网公司级 |
| 98 | 国家电网公司特高压及跨区交流电网工程设计变更管理实施细则（试行） | 国家电网交流〔2013〕105 号 | 技术管理 | 国网公司级 |
| 99 | 国家电网公司特高压及跨区交流电网工程初步设计管理实施细则（试行） | 国家电网交流〔2013〕105 号 | 技术管理 | 国网公司级 |
| 100 | 国家电网公司特高压及跨区交流电网工程设计考核激励管理实施细则（试行） | 国家电网交流〔2013〕105 号 | 项目管理 | 国网公司级 |
| 101 | 国家电网公司特高压交流输电科研攻关、标准化和知识产权管理实施细则（试行） | 国家电网交流〔2013〕105 号 | 技术管理 | 国网公司级 |
| 102 | 国网交流部关于印发《特高压交流工程强化设计质量管控推进设计优化工作意见（试行）》 | 交流输电〔2017〕12 号 | 技术管理 | 国网公司级 |

续表

| 序号 | 制度名称 | 文号 | 专业 | 级别 |
|---|---|---|---|---|
| 103 | 国网交流部关于印发国家电网公司特高压交流工程优化设计指导意见（试行）的通知 | 交流输电〔2016〕32 号 | 技术管理 | 国网公司级 |
| 104 | 特高压交流输电线路工程三维设计指导意见（暂行） | 交流输电〔2017〕45 号 | 技术管理 | 国网公司级 |
| 105 | 特高压换流站工程施工图设计优化要点（试行） | 直流换流〔2013〕29 号 | 技术管理 | 国网公司级 |
| 106 | 国网特高压部关于印发国家电网有限公司换流站工程新材料应用管理办法的通知 | 特技术〔2019〕13 号 | 技术管理 | 国网公司级 |
| 107 | 国家电网有限公司换流站工程新材料应用管理办法 | 国网（基建/3）954—2019 | 技术管理 | 国网公司级 |
| 108 | 国网直流部关于进一步明确直流工程重大设计变更管理要求的通知 | 直流计划〔2017〕69 号 | 技术管理 | 国网公司级 |
| 109 | 国网直流部关于印发特高压直流站用设备防污闪涂料及工厂化涂覆施工管理规定的通知 | 直流技〔2017〕37 号 | 技术管理 | 国网公司级 |
| 110 | 国家电网有限公司电网建设项目档案管理办法 | 国网（办/4）571—2018（F） | 档案管理 | 国网公司级 |
| 111 | 国家电网有限公司电网建设项目档案验收办法 | 国网（办/4）947—2018 | 档案管理 | 国网公司级 |
| 112 | 国家电网公司档案馆档案收集管理办法（试行） | 国网（办/4）572—2011（F） | 档案管理 | 国网公司级 |
| 113 | 国家电网公司关于进一步加强重大电网建设项目档案管理工作的意见 | 国家电网办〔2013〕1001 号 | 档案管理 | 国网公司级 |
| 114 | 国网办公厅关于特高压和跨区联网工程档案实施属地化保管的通知 | 办文档〔2019〕14 号 | 档案管理 | 国网公司级 |
| 115 | 国家电网公司关于印发文书档案整理规范等九项档案业务规范 | 国家电网办〔2018〕153 号 | 档案管理 | 国网公司级 |
| 116 | 国家电网公司电网建设项目档案整理规范 | 国网（办/4）924—2018 | 档案管理 | 国网公司级 |
| 117 | 国家电网公司纸制档案数字化技术规范 | 国家电网科〔2006〕214 号 | 档案管理 | 国网公司级 |
| 118 | 国家电网公司供电企业档案分类表（6～9 大类） | 办文档〔2010〕56 号 | 档案管理 | 国网公司级 |
| 119 | 特高压变电（换流）站工程档案管理标准化手册 | 2022 年版 | 档案管理 | 国网公司级 |
| 120 | 特高压线路工程档案管理标准化手册 | 2022 年版 | 档案管理 | 国网公司级 |
| 121 | 国家电网公司输变电工程结算管理办法 | 国网（基建/3）114—2019 | 造价管理 | 国网公司级 |
| 122 | 国家电网公司基建技经管理规定 | 国网（基建/2）175—2017 | 造价管理 | 国网公司级 |
| 123 | 国家电网有限公司特高压工程施工图预算管理实施细则 | 国网（基建/4）952—2019 | 造价管理 | 国网公司级 |
| 124 | 国家电网有限公司特高压工程概算管理实施细则 | 国网（基建/4）951—2019 | 造价管理 | 国网公司级 |
| 125 | 国家电网有限公司特高压工程结算管理实施细则 | 国网（基建/4）953—2019 | 造价管理 | 国网公司级 |
| 126 | 特高压工程招标控制价管理暂行规定 | 特计划〔2018〕71 号 | 造价管理 | 国网公司级 |
| 127 | 国家电网公司特高压及跨区交流电网工程合同管理实施细则（试行） | 国家电网交流〔2013〕105 号 | 造价管理 | 国网公司级 |
| 128 | 国网交流部关于规范特高压交流线路工程物资核算及合同变更（技术部分）工作的通知 | 交流输电〔2017〕52 号 | 造价管理 | 国网公司级 |
| 129 | 国家电网公司财务管理通则 | 国网（财/1）97—2020 | 财务管理 | 国网公司级 |
| 130 | 国家电网公司资金管理办法 | 国网（财/2）345—2019 | 财务管理 | 国网公司级 |
| 131 | 国家电网有限公司会计基础管理办法 | 国网（财/2）350—2018 | 财务管理 | 国网公司级 |

续表

| 序号 | 制度名称 | 文号 | 专业 | 级别 |
|---|---|---|---|---|
| 132 | 国家电网公司工程财务管理办法 | 国网（财/2）351—2020 | 财务管理 | 国网公司级 |
| 133 | 国家电网公司总部资金支付管理办法 | 国网（财/4）597—2019 | 财务管理 | 国网公司级 |
| 134 | 国家电网公司关于印发特高压工程财务管理工作指导意见的通知 | 国家电网财〔2015〕513号 | 财务管理 | 国网公司级 |
| 135 | 国家电网公司特高压及跨区交流电网工程计划预算管理实施细则（试行） | 国家电网交流〔2013〕105号 | 财务管理 | 国网公司级 |
| 136 | 国家电网公司环境保护监督规定 | 国网（科/2）226—2014 | 环水保管理 | 国网公司级 |
| 137 | 国家电网有限公司环境保护管办理办法 | 国网（科/3）642—2019（F） | 环水保管理 | 国网公司级 |
| 138 | 国家电网公司电网建设项目水土保持管理办法 | 国网（科/3）643—2019（F） | 环水保管理 | 国网公司级 |
| 139 | 国家电网有限公司电网建设项目竣工环境保护验收管理办法 | 国网（科/3）645—2019（F） | 环水保管理 | 国网公司级 |
| 140 | 国家电网有限公司电网建设项目水土保持设施验收管理办法 | 国网（科/3）970—2019（F） | 环水保管理 | 国网公司级 |
| 141 | 特高压直流输电线路工程环保、水保措施专项设计编制细则（试行） | 直流线路〔2015〕44号 | 环水保管理 | 国网公司级 |
| 142 | 国家电网有限公司物资管理通则 | 国网（物资/1）98—2020 | 物资管理 | 国网公司级 |
| 143 | 国家电网有限公司采购活动管理办法 | 国网（物资/2）121—2019 | 物资管理 | 国网公司级 |
| 144 | 国家电网有限公司总部直管工程物资采购合同承办实施细则 | 国网（物资/4）821—2020 | 物资管理 | 国网公司级 |
| 145 | 国家电网公司采购活动文件材料归档整理移交管理细则 | 国网（物资/4）243—2017 | 物资管理 | 国网公司级 |
| 146 | 国家电网有限公司供应商评价管理细则 | 国网（物资/4）247—2022 | 物资管理 | 国网公司级 |
| 147 | 国家电网有限公司供应商不良行为处理管理细则 | 国网（物资/4）249—2020 | 物资管理 | 国网公司级 |
| 148 | 国家电网公司特高压及跨区交流电网工程设备管理实施细则 | 国家电网交流〔2013〕105号 | 物资管理 | 国网公司级 |
| 149 | 特高压工程建设管理规定 | 国网特高压内规〔2021〕1号 | 项目管理 | 公司级 |
| 150 | 特高压工程统筹支撑管理规定 | 国网特高压内规〔2021〕1号 | 项目管理 | 公司级 |
| 151 | 国家电网有限公司特高压建设分公司特高压工程业主项目部管理办法 | 国网特高压内规〔2021〕5号 | 项目管理 | 公司级 |
| 152 | 国家电网有限公司特高压建设分公司特高压工程供应商不良行为预警管理办法 | 国网特高压内规〔2021〕4号 | 项目管理 | 公司级 |
| 153 | 特高压工程（直管）参建单位现场履约评价办法 | 国网特高压内规〔2022〕12号 | 项目管理 | 公司级 |
| 154 | 特高压工程专项业务管理评价办法 | 国网特高压内规〔2022〕12号 | 项目管理 | 公司级 |
| 155 | 公司特高压工程业主项目部履职评价办法 | 国网特高压内规〔2022〕12号 | 项目管理 | 公司级 |
| 156 | 国家电网有限公司特高压建设分公司特高压工程项目标准化管理评价办法 | 国网特高压内规〔2021〕5号 | 项目管理 | 公司级 |

续表

| 序号 | 制度名称 | 文号 | 专业 | 级别 |
|---|---|---|---|---|
| 157 | 国家电网有限公司特高压建设分公司特高压工程现场数字化建设与应用管理办法 | 国网特高压内规〔2021〕8号 | 项目管理 | 公司级 |
| 158 | 国网特高压建设公司特高压工程业主项目部标准化手册 | 国网特高压技术〔2022〕14号 | 项目管理 | 公司级 |
| 159 | 国网特高压建设公司关于印发工程数字化建设总体方案的通知 | 国网特高压信环〔2021〕53号 | 项目管理 | 公司级 |
| 160 | 国网特高压建设公司工程现场临时党支部管理标准化手册 | 国网特高压党建〔2021〕13号 | 项目管理 | 公司级 |
| 161 | 国网特高压建设公司工程联合工会管理标准化手册（试行） | 国网特高压党建〔2021〕13号 | 项目管理 | 公司级 |
| 162 | 国家电网有限公司特高压建设分公司特高压工程建设安全管理办法 | 国网特高压安质〔2021〕23号 | 安全管理 | 公司级 |
| 163 | 国家电网有限公司特高压建设分公司特高压工程总部协同安全监督工作办法 | 国网特高压安质〔2021〕23号 | 安全管理 | 公司级 |
| 164 | 特高压变电（换流）站工程安全文明施工标准化手册 | — | 安全管理 | 公司级 |
| 165 | 国家电网有限公司特高压建设分公司特高压工程创优管理办法 | 国网特高压安质〔2021〕23号 | 质量管理 | 公司级 |
| 166 | 国家电网有限公司特高压建设分公司特高压工程建设质量管理办法（试行） | 国网特高压内规〔2021〕21号 | 质量管理 | 公司级 |
| 167 | 国家电网有限公司特高压建设分公司施工质量验收管理办法 | 国网特高压内规〔2021〕6号 | 质量管理 | 公司级 |
| 168 | 国家电网有限公司特高压建设分公司技术管理办法 | 国网特高压内规〔2021〕5号 | 技术管理 | 公司级 |
| 169 | 国家电网有限公司特高压建设分公司特高压工程施工图管理办法 | 国网特高压内规〔2021〕4号 | 技术管理 | 公司级 |
| 170 | 国家电网有限公司特高压建设分公司特高压工程调试与停电管理办法 | 国网特高压内规〔2021〕4号 | 技术管理 | 公司级 |
| 171 | 国家电网有限公司特高压建设分公司专业工作组管理办法 | 国网特高压内规〔2021〕5号 | 技术管理 | 公司级 |
| 172 | 国网特高压建设公司特高压工程现场调试阶段操作标准化手册 | 国网特高压变电〔2022〕16号 | 技术管理 | 公司级 |
| 173 | 特高压换流站直流控制保护系统联调试验阶段标准化检查手册 | 国网特高压物资〔2022〕12号 | 技术管理 | 公司级 |
| 174 | 国家电网有限公司特高压建设分公司特高压工程档案管理办法 | 国网特高压内规〔2021〕5号 | 档案管理 | 公司级 |
| 175 | 国网特高压公司关于进一步加强特高压工程档案管理工作的通知 | 国网特高压技术〔2022〕70号 | 档案管理 | 公司级 |
| 176 | 国家电网有限公司特高压建设分公司电网工程技经管理办法 | 国网特高压内规〔2021〕10号 | 造价管理 | 公司级 |

续表

| 序号 | 制度名称 | 文号 | 专业 | 级别 |
|---|---|---|---|---|
| 177 | 国家电网有限公司特高压建设分公司特高压工程投资（资金）计划管理办法 | 国网特高压内规〔2021〕10号 | 造价管理 | 公司级 |
| 178 | 国家电网有限公司特高压建设分公司合同管理办法 | 国网特高压内规〔2021〕10号 | 造价管理 | 公司级 |
| 179 | 国网特高压建设公司业主项目部技经业务标准化手册 | 国网特高压计划〔2022〕11号 | 造价管理 | 公司级 |
| 180 | 国家电网有限公司特高压建设分公司特高压工程竣工决算管理办法 | 国网特高压内规〔2021〕12号 | 财务管理 | 公司级 |
| 181 | 国家电网有限公司特高压建设分公司特高压工程财务管理内部规范 | 国网特高压内规〔2021〕13号 | 财务管理 | 公司级 |
| 182 | 国网特高压建设公司特高压工程资金支付管理标准化手册 | 国网特高压财务〔2022〕17号 | 财务管理 | 公司级 |
| 183 | 国家电网有限公司特高压建设分公司特高压工程环境保护和水土保持管理办法 | 国网特高压内规〔2021〕9号 | 环水保管理 | 公司级 |
| 184 | 国家电网有限公司特高压建设分公司特高压工程换流站主设备监造管理办法 | 国网特高压内规〔2021〕15号 | 物资管理 | 公司级 |
| 185 | 国家电网有限公司特高压建设分公司特高压工程大件运输技术支撑管理办法 | 国网特高压内规〔2021〕15号 | 物资管理 | 公司级 |
| 186 | 国家电网有限公司特高压建设分公司采购管理办法 | 国网特高压内规〔2021〕15号 | 物资管理 | 公司级 |

# 附录22 关键工序管控表清单

| 序号 | 关键工序管控表名称 |
|---|---|
| 一 | 变电土建 |
| 1 | GIS基础关键工序管控表 |
| 2 | 彩钢板封闭关键工序管控表 |
| 3 | 场地回填及平整关键工序管控表 |
| 4 | 地下水池关键工序管控表 |
| 5 | 防火墙关键工序管控表 |
| 6 | 钢结构及防火涂料关键工序管控表 |
| 7 | 换流变搬运轨道及广场关键工序管控表 |
| 8 | 换流变及主变基础关键工序管控表 |
| 9 | 消防系统关键工序管控表 |
| 10 | 自流平地面关键工序管控表 |
| 二 | 变电电气 |
| 11 | 1000kV主变压器关键工序管控表 |
| 12 | GIS关键工序管控表 |
| 13 | 电缆敷设关键工序管控表 |
| 14 | 阀冷系统关键工序管控表 |
| 15 | 换流变压器关键工序管控表 |
| 16 | 换流阀关键工序管控表 |
| 17 | 控保设备安装及二次接线关键工序管控表 |
| 18 | 直流穿墙套管关键工序管控表 |
| 19 | 直流电流测量装置关键工序管控表 |
| 20 | 直流电压测量装置关键工序管控表 |
| 21 | 直流转换开关关键工序管控表 |
| 三 | 输电线路 |
| 22 | 承台基础施工关键工序管控表 |
| 23 | 灌注桩施工关键工序管控表 |
| 24 | 架线施工关键工序管控表 |
| 25 | 接地工程施工关键工序管控表 |
| 26 | 铁塔工程施工关键工序管控表 |
| 27 | 线路防护施工关键工序管控表 |

# 附录23 工艺流程控制卡清单

| 序号 | 工艺流程控制卡名称 |
| --- | --- |
| 一 | 变电土建 |
| 1 | GIS基础质量工艺流程控制卡 |
| 2 | 搬运轨道及广场质量工艺流程控制卡 |
| 3 | 彩钢板封闭质量工艺流程控制卡 |
| 4 | 场地回填及平整质量工艺流程控制卡 |
| 5 | 地下水池质量工艺流程控制卡 |
| 6 | 防火墙质量工艺流程控制卡 |
| 7 | 钢结构及防火涂料质量工艺流程控制卡 |
| 8 | 换流变及主变基础质量工艺流程控制卡 |
| 9 | 消防系统基础质量工艺流程控制卡 |
| 10 | 自流平地面质量工艺流程控制卡 |
| 二 | 变电电气 |
| 11 | 1000kVGIS间隔设备质量工艺流程控制卡 |
| 12 | 1000kVGIS质量工艺流程控制卡 |
| 13 | 1000kV主变压器质量工艺流程控制卡 |
| 14 | GIS间隔设备质量工艺流程控制卡 |
| 15 | GIS质量工艺流程控制卡 |
| 16 | 电缆敷设质量工艺流程控制卡 |
| 17 | 阀冷却系统质量工艺流程控制卡 |
| 18 | 换流变压器质量工艺流程控制卡 |
| 19 | 换流阀质量工艺流程控制卡 |
| 20 | 控保设备安装及二次接线质量工艺流程控制卡 |
| 21 | 直流穿墙套管质量工艺流程控制卡 |
| 22 | 直流电流测量装置质量工艺流程控制卡 |
| 23 | 直流电压测量装置质量工艺流程控制卡 |
| 24 | 直流转换开关质量工艺流程控制卡 |
| 三 | 输电线路 |
| 25 | 承台基础施工质量工艺流程控制卡 |
| 26 | 灌注桩施工质量工艺流程控制卡 |
| 27 | 自立式铁塔（跨越塔）组立质量工艺流程控制卡 |
| 28 | 自立式铁塔（落地双平臂抱杆）组立质量工艺流程控制卡 |
| 29 | 自立式铁塔（履带吊）组立质量工艺流程控制卡 |
| 30 | 自立式铁塔（锚塔）组立质量工艺流程控制卡 |
| 31 | 自立式铁塔（升降机）组立质量工艺流程控制卡 |
| 32 | 架线工程（导线、地线压接管施工）质量工艺流程控制卡 |
| 33 | 架线工程（导线、地线展放）质量工艺流程控制卡 |
| 34 | 架线工程（附件安装）质量工艺流程控制卡 |
| 35 | 架线工程（紧线施工）质量工艺流程控制卡 |
| 36 | 架线工程（线路防护）质量工艺流程控制卡 |
| 37 | 接地施工质量工艺流程控制卡 |

# 附录24 特高压工程常用技术标准解读清单

| 序号 | 标准类别 | 标准名称 | 标准号 |
|---|---|---|---|
| 1 | 国家标准 | ±800kV及以下换流站干式平波电抗器施工及验收规范 | GB 50774—2012 |
| 2 | 国家标准 | ±800kV及以下换流站构支架施工及验收规范 | GB 50777—2012 |
| 3 | 国家标准 | ±800kV及以下换流站换流变压器施工及验收规范 | GB 50776—2012 |
| 4 | 国家标准 | ±800kV及以下换流站换流阀施工及验收规范 | GB/T 50775—2012 |
| 5 | 国家标准 | ±800kV及以下直流换流站土建工程施工质量验收规范 | GB 50729—2012 |
| 6 | 国家标准 | ±800kV直流换流站设计规范 | GB/T 50789—2012 |
| 7 | 国家标准 | 1000kV变电站设计规范 | GB 50697—2011 |
| 8 | 国家标准 | 1000kV电力变压器、油浸电抗器、互感器施工及验收规范 | GB 50835—2013 |
| 9 | 国家标准 | 1000kV高压电器（GIS、HGIS、隔离开关、避雷器）施工及验收规范 | GB 50836—2013 |
| 10 | 国家标准 | 1000kV构支架施工及验收规范 | GB 50834—2013 |
| 11 | 国家标准 | 1000kV架空输电线路勘测规范 | GB 50741—2012 |
| 12 | 国家标准 | 1000kV输变电工程竣工验收规范 | GB 50993—2014 |
| 13 | 国家标准 | 1000kV系统电气装置安装工程电气设备交接试验标准 | GB/T 50832—2013 |
| 14 | 行业标准 | 220kV～1000kV变电站站用电设计技术规程 | DL/T 5155—2016 |
| 15 | 国家标准 | 安全防范工程技术标准 | GB 50348—2018 |
| 16 | 行业标准 | 变电工程初步设计内容深度规定 | DL/T 5452—2012 |
| 17 | 行业标准 | 变电工程技经指标编制导则 | DL/T 5548—2018 |
| 18 | 行业标准 | 变电工程施工图设计内容深度规定 | DL/T 5458—2012 |
| 19 | 行业标准 | 变电工程施工组织大纲设计导则 | DL/T 5520—2016 |
| 20 | 行业标准 | 变电站监控系统设计规程 | DL/T 5149—2020 |
| 21 | 国家标准 | 并联电容器装置设计规范 | GB 50227—2017 |
| 22 | 国家标准 | 大体积混凝土施工标准 | GB 50496—2018 |
| 23 | 国家标准 | 地基动力特性测试规范 | GB/T 50269—2015 |
| 24 | 行业标准 | 地基旁压试验技术标准 | JGJ/T 69—2019 |
| 25 | 国家标准 | 地下工程防水技术规范 | GB 50108—2008 |
| 26 | 国家标准 | 地下结构抗震设计标准 | GB/T 51336—2018 |
| 27 | 行业标准 | 电力工程地基处理技术规程 | DL/T 5024—2005 |
| 28 | 国家标准 | 电力工程电缆设计标准 | GB 50217—2018 |
| 29 | 行业标准 | 电力工程基桩检测技术规程 | DL/T 5493—2014 |
| 30 | 行业标准 | 电力工程交流不间断电源设计技术规程 | DL/T 5491—2014 |
| 31 | 行业标准 | 电力工程竣工图文件编制规定 | DL/T 5229—2016 |
| 32 | 行业标准 | 电力工程直流电源系统设计技术规程 | DL/T 5044—2014 |
| 33 | 国家标准 | 电力设施抗震设计规范 | GB 50260—2013 |
| 34 | 行业标准 | 电流互感器和电压互感器选择及计算规程 | DL/T 866—2015 |
| 35 | 国家标准 | 电气装置安装工程 电缆线路施工及验收规范 | GB 50168—2018 |
| 36 | 国家标准 | 电气装置安装工程爆炸和火灾危险环境电气装置施工及验收规范 | GB 50257—2014 |
| 37 | 国家标准 | 电气装置安装工程串联电容器补偿装置施工及验收规范 | GB 51049—2014 |

续表

| 序号 | 标准类别 | 标准名称 | 标准号 |
|---|---|---|---|
| 38 | 国家标准 | 电气装置安装工程低压电器施工及验收规范 | GB 50254—2014 |
| 39 | 国家标准 | 电气装置安装工程电力变流设备施工及验收规范 | GB 50255—2014 |
| 40 | 国家标准 | 电气装置安装工程电力变压器、油浸电抗器、互感器施工及验收规范 | GB 50148—2010 |
| 41 | 国家标准 | 电气装置安装工程电气设备交接试验标准 | GB 50150—2016 |
| 42 | 国家标准 | 电气装置安装工程高压电器施工及验收规范 | GB 50147—2010 |
| 43 | 国家标准 | 电气装置安装工程接地装置施工及验收规范 | GB 50169—2016 |
| 44 | 国家标准 | 电气装置安装工程母线装置施工及验收规范 | GB 50149—2010 |
| 45 | 国家标准 | 电气装置安装工程盘、柜及二次回路接线施工及验收规范 | GB 50171—2012 |
| 46 | 国家标准 | 电气装置安装工程起重机电气装置施工及验收规范 | GB 50256—2014 |
| 47 | 国家标准 | 电气装置安装工程蓄电池施工及验收规范 | GB 50172—2012 |
| 48 | 行业标准 | 发电厂和变电站照明设计技术规定 | DL/T 5390—2014 |
| 49 | 国家标准 | 防火卷帘、防火门、防火窗施工及验收规范 | GB 50877—2014 |
| 50 | 国家标准 | 防静电工程施工与质量验收规范 | GB 50944—2013 |
| 51 | 国家标准 | 复合地基技术规范 | GB/T 50783—2012 |
| 52 | 国家标准 | 钢管混凝土工程施工质量验收规范 | GB 50628—2010 |
| 53 | 团体标准 | 钢结构防腐蚀涂装技术规程 | CECS 343—2013 |
| 54 | 行业标准 | 钢结构高强度螺栓连接技术规程 | JGJ 82—2011 |
| 55 | 国家标准 | 钢结构工程施工规范 | GB 50755—2012 |
| 56 | 国家标准 | 钢结构工程施工质量验收标准 | GB 50205—2020 |
| 57 | 国家标准 | 钢结构焊接规范 | GB 50661—2011 |
| 58 | 国家标准 | 钢结构现场检测技术标准 | GB/T 50621—2010 |
| 59 | 行业标准 | 钢筋焊接及验收规程 | JGJ 18—2012 |
| 60 | 团体标准 | 钢制电缆桥架工程技术规程 | T/CECS 31—2017 |
| 61 | 国家标准 | 高填方地基技术规范 | GB 51254—2017 |
| 62 | 行业标准 | 高压配电装置设计规范 | DL/T 5352—2018 |
| 63 | 国家标准 | 高压直流换流站设计技术规定 | GB/T 51200—2016 |
| 64 | 行业标准 | 高压直流输电大地返回系统设计技术规程 | DL/T 5224—2014 |
| 65 | 国家标准 | 工程测量规范 | GB 50026—2007 |
| 66 | 国家标准 | 工业安装工程施工质量验收统一标准 | GB/T 50252—2018 |
| 67 | 国家标准 | 工业建筑防腐蚀设计标准 | GB/T 50046—2018 |
| 68 | 国家标准 | 工业企业电气设备抗震鉴定标准 | GB 50994—2014 |
| 69 | 国家标准 | 工业企业噪声测量规范 | GBJ 122—1988 |
| 70 | 国家标准 | 固定消防炮灭火系统设计规范 | GB 50338—2003 |
| 71 | 国家标准 | 固定消防炮灭火系统施工与验收规范 | GB 50498—2009 |
| 72 | 行业标准 | 换流站二次系统设计技术规程 | DL/T 5499—2015 |
| 73 | 行业标准 | 换流站辅助控制系统设计规程 | DL/T 5586—2020 |
| 74 | 行业标准 | 换流站接地极工程建设预算项目划分导则 | DL/T 5541—2018 |
| 75 | 行业标准 | 混凝土泵送施工技术规程 | JGJ/T 10—2011 |
| 76 | 国家标准 | 混凝土结构工程施工规范 | GB 50666—2011 |
| 77 | 国家标准 | 混凝土结构工程施工质量验收规范 | GB 50204—2015 |

续表

| 序号 | 标准类别 | 标准名称 | 标准号 |
| --- | --- | --- | --- |
| 78 | 国家标准 | 混凝土强度检验评定标准 | GB/T 50107—2010 |
| 79 | 国家标准 | 混凝土外加剂应用技术规范 | GB 50119—2013 |
| 80 | 行业标准 | 混凝土用水标准 | JGJ 63—2006 |
| 81 | 国家标准 | 混凝土质量控制标准 | GB 50164—2011 |
| 82 | 行业标准 | 火力发电厂、变电站二次接线设计技术规程 | DL/T 5136—2012 |
| 83 | 国家标准 | 火力发电厂与变电站设计防火标准 | GB 50229—2019 |
| 84 | 国家标准 | 火灾自动报警系统设计规范 | GB 50116—2013 |
| 85 | 国家标准 | 火灾自动报警系统施工及验收标准 | GB 50166—2019 |
| 86 | 国家标准 | 机械设备安装工程施工及验收通用规范 | GB 50231—2009 |
| 87 | 国家标准 | 既有混凝土结构耐久性评定标准 | GB/T 51355—2019 |
| 88 | 行业标准 | 既有建筑地基基础加固技术规范 | JGJ 123—2012 |
| 89 | 行业标准 | 既有建筑地基基础检测技术标准 | JGJ/T 422—2018 |
| 90 | 行业标准 | 既有建筑地基可靠性鉴定标准 | JGJ/T 404—2018 |
| 91 | 国家标准 | 继电保护及二次回路安装及验收规范 | GB/T 50976—2014 |
| 92 | 行业标准 | 架空输电线路工程勘测数据交换标准 | DL/T 5566—2019 |
| 93 | 行业标准 | 架空输电线路工程施工组织大纲设计导则 | DL/T 5527—2017 |
| 94 | 国家标准 | 架空索道工程技术规范 | GB 50127—2007 |
| 95 | 国家标准 | 建设工程工程量清单计价规范 | GB 50500—2013 |
| 96 | 国家标准 | 建设工程监理规范 | GB/T 50319—2013 |
| 97 | 国家标准 | 建设工程施工现场供用电安全规范 | GB 50194—2014 |
| 98 | 行业标准 | 建设工程施工现场环境与卫生标准 | JGJ 146—2013 |
| 99 | 国家标准 | 建设工程施工现场消防安全技术规范 | GB 50720—2011 |
| 100 | 国家标准 | 建设工程文件归档规范 | GB/T 50328—2014 |
| 101 | 国家标准 | 建设工程项目管理规范 | GB/T 50326—2017 |
| 102 | 国家标准 | 建设工程造价指标指数分类与测算标准 | GB/T 51290—2018 |
| 103 | 国家标准 | 建设工程造价咨询规范 | GB/T 51095—2015 |
| 104 | 团体标准 | 建设项目工程竣工决算编制规程 | CECA/GC 9—2013 |
| 105 | 国家标准 | 建筑边坡工程技术规范 | GB 50330—2013 |
| 106 | 国家标准 | 建筑边坡工程施工质量验收标准 | GB/T 51351—2019 |
| 107 | 国家标准 | 建筑地基基础工程施工规范 | GB 51004—2015 |
| 108 | 国家标准 | 建筑地基基础工程施工质量验收标准 | GB 50202—2018 |
| 109 | 国家标准 | 建筑地基基础设计规范 | GB 50007—2011 |
| 110 | 行业标准 | 建筑地基检测技术规范 | JGJ 340—2015 |
| 111 | 国家标准 | 建筑地面工程施工质量验收规范 | GB 50209—2010 |
| 112 | 国家标准 | 建筑电气工程施工质量验收规范 | GB 50303—2015 |
| 113 | 国家标准 | 建筑电气照明装置施工与验收规范 | GB 50617—2010 |
| 114 | 国家标准 | 建筑防腐蚀工程施工质量验收标准 | GB/T 50224—2018 |
| 115 | 国家标准 | 建筑防火封堵应用技术标准 | GB/T 51410—2020 |
| 116 | 国家标准 | 建筑钢结构防火技术规范 | GB 51249—2017 |
| 117 | 国家标准 | 建筑隔声评价标准 | GB/T 50121—2005 |
| 118 | 国家标准 | 建筑工程绿色施工规范 | GB/T 50905—2014 |

续表

| 序号 | 标准类别 | 标准名称 | 标准号 |
|---|---|---|---|
| 119 | 国家标准 | 建筑工程绿色施工评价标准 | GB/T 50640—2010 |
| 120 | 行业标准 | 建筑工程施工现场标志设置技术规程 | JGJ 348—2014 |
| 121 | 国家标准 | 建筑工程施工质量评价标准 | GB/T 50375—2016 |
| 122 | 国家标准 | 建筑工程施工质量验收统一标准 | GB 50300—2013 |
| 123 | 行业标准 | 建筑基坑支护技术规程 | JGJ 120—2012 |
| 124 | 行业标准 | 建筑基桩检测技术规范 | JGJ 106—2014 |
| 125 | 国家标准 | 建筑节能工程施工质量验收规范 | GB 50411—2007 |
| 126 | 国家标准 | 建筑结构荷载规范 | GB 50009—2012 |
| 127 | 国家标准 | 建筑结构加固工程施工质量验收规范 | GB 50550—2010 |
| 128 | 国家标准 | 建筑抗震鉴定标准 | GB 50023—2009 |
| 129 | 国家标准 | 建筑灭火器配置设计规范 | GB 50140—2005 |
| 130 | 国家标准 | 建筑灭火器配置验收及检查规范 | GB 50444—2008 |
| 131 | 国家标准 | 建筑内部装修防火施工及验收规范 | GB 50354—2005 |
| 132 | 行业标准 | 建筑轻质条板隔墙技术规程 | JGJ/T 157—2014 |
| 133 | 国家标准 | 建筑设计防火规范 | GB 50016—2014 |
| 134 | 国家标准 | 建筑施工安全技术统一规范 | GB 50870—2013 |
| 135 | 行业标准 | 建筑施工安全检查标准 | JGJ 59—2011 |
| 136 | 行业标准 | 建筑施工高处作业安全技术规范 | JGJ 80—2016 |
| 137 | 行业标准 | 建筑涂饰工程施工及验收规程 | JGJ/T 29—2015 |
| 138 | 国家标准 | 建筑物防雷工程施工与质量验收规范 | GB 50601—2010 |
| 139 | 国家标准 | 建筑物防雷设计规范 | GB 50057—2010 |
| 140 | 国家标准 | 建筑信息模型设计交付标准 | GB/T 51301—2018 |
| 141 | 国家标准 | 建筑与市政地基基础通用规范 | GB 55003—2021 |
| 142 | 行业标准 | 静压桩施工技术规程 | JGJ/T 394—2017 |
| 143 | 国家标准 | 铝母线焊接工程施工及验收规范 | GB 50586—2010 |
| 144 | 国家标准 | 绿色工业建筑评价标准 | GB/T 50878—2013 |
| 145 | 国家标准 | 绿色建筑评价标准 | GB/T 50378—2019 |
| 146 | 行业标准 | 锚杆检测与监测技术规程 | JGJ/T 401—2017 |
| 147 | 国家标准 | 泡沫灭火系统设计规范 | GB 50151—2010 |
| 148 | 行业标准 | 普通混凝土配合比设计规程 | JGJ 55—2011 |
| 149 | 国家标准 | 气体灭火系统设计规范 | GB 50370—2005 |
| 150 | 国家标准 | 气体灭火系统施工及验收规范 | GB 50263—2007 |
| 151 | 国家标准 | 汽车库、修车库、停车场设计防火规范 | GB 50067—2014 |
| 152 | 国家标准 | 砌体工程现场检测技术标准 | GB/T 50315—2011 |
| 153 | 国家标准 | 砌体结构工程施工规范 | GB 50924—2014 |
| 154 | 国家标准 | 砌体结构工程施工质量验收规范 | GB 50203—2011 |
| 155 | 国家标准 | 生产建设项目水土保持技术标准 | GB 50433—2018 |
| 156 | 国家标准 | 生产建设项目水土保持监测与评价标准 | GB/T 51240—2018 |
| 157 | 国家标准 | 生产建设项目水土流失防治标准 | GB/T 50434—2018 |
| 158 | 行业标准 | 施工企业安全生产评价标准 | JGJ/T 77—2010 |
| 159 | 行业标准 | 施工现场机械设备检查技术规范 | JGJ 160—2016 |

续表

| 序号 | 标准类别 | 标准名称 | 标准号 |
|---|---|---|---|
| 160 | 行业标准 | 施工现场临时用电安全技术规范 | JGJ 46—2005 |
| 161 | 国家标准 | 室外作业场地照明设计标准 | GB 50582—2010 |
| 162 | 行业标准 | 输电工程（架空线路）技经指标编制导则 | DL/T 5549—2018 |
| 163 | 国家标准 | 水喷雾灭火系统技术规范 | GB 50219—2014 |
| 164 | 国家标准 | 水土保持工程设计规范 | GB 51018—2014 |
| 165 | 国家标准 | 水土保持工程调查与勘测标准 | GB/T 51297—2018 |
| 166 | 行业标准 | 特高压输变电工程水土保持方案内容深度规定 | DL/T 5530—2017 |
| 167 | 国家标准 | 通风与空调工程施工质量验收规范 | GB 50243—2016 |
| 168 | 国家标准 | 土工试验方法标准 | GB/T 50123—2019 |
| 169 | 行业标准 | 外墙饰面砖工程施工及验收规程 | JGJ 126—2015 |
| 170 | 国家标准 | 现场设备、工业管道焊接工程施工规范 | GB 50236—2011 |
| 171 | 国家标准 | 消防给水及消火栓系统技术规范 | GB 50974—2014 |
| 172 | 国家标准 | 消防通信指挥系统施工及验收规范 | GB 50401—2007 |
| 173 | 国家标准 | 消防应急照明和疏散指示系统技术标准 | GB 51309—2018 |
| 174 | 国家标准 | 岩溶地区建筑地基基础技术标准 | GB/T 51238—2018 |
| 175 | 国家标准 | 岩土锚杆与喷射混凝土支护工程技术规范 | GB 50086—2015 |
| 176 | 行业标准 | 预应力混凝土管桩技术标准 | JGJ/T 406—2017 |
| 177 | 行业标准 | 长螺旋钻孔压灌桩技术标准 | JGJ/T 419—2018 |
| 178 | 行业标准 | 直流换流站施工图设计内容深度规定 | DL/T 5503—2015 |
| 179 | 国家标准 | 装配式钢结构建筑技术标准 | GB/T 51232—2016 |
| 180 | 国家标准 | 装配式混凝土建筑技术标准 | GB/T 51231—2016 |
| 181 | 国家标准 | 自动跟踪定位射流灭火系统技术标准 | GB 51427—2021 |
| 182 | 国家标准 | 自动喷水灭火系统设计规范 | GB 50084—2017 |
| 183 | 国家标准 | 自动喷水灭火系统施工及验收规范 | GB 50261—2017 |
| 184 | 国家标准 | 综合布线系统工程设计规范 | GB 50311—2016 |
| 185 | 国家标准 | 综合布线系统工程验收规范 | GB/T 50312—2016 |
| 186 | 行业标准 | 组合锤法地基处理技术规程 | JGJ/T 290—2012 |

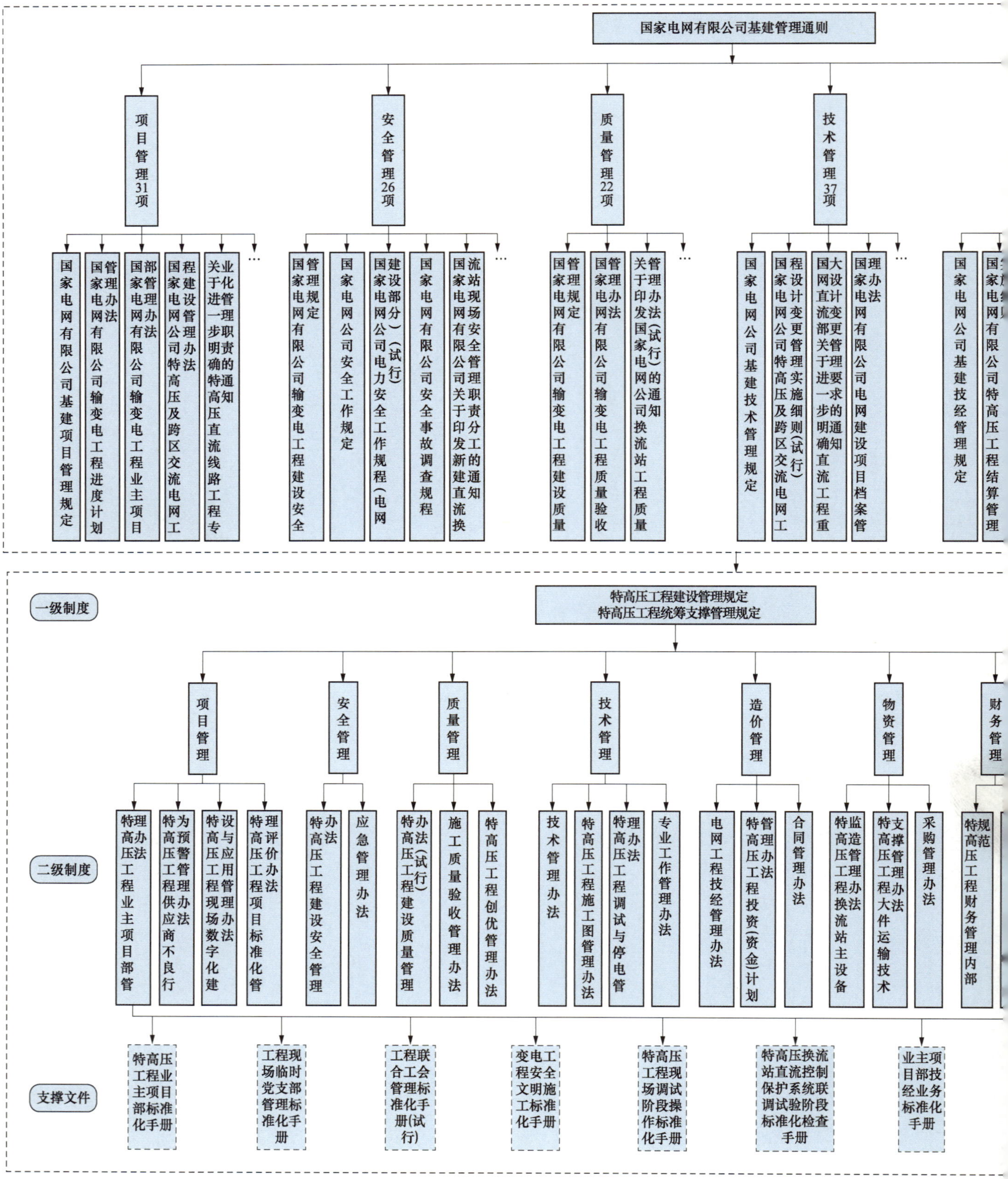
国家电网有限公司基建管理通则
项目管理31项
安全管理26项
质量管理22项
技术管理37项
国家电网有限公司基建项目管理规定
国家电网有限公司输变电工程进度计划管理办法
国家电网有限公司输变电工程业主项目部管理办法
国家电网公司特高压及跨区交流电网工程建设管理办法
关于进一步明确特高压直流线路工程专业化管理职责的通知
…
国家电网有限公司输变电工程建设安全管理规定
国家电网公司安全工作规定
国家电网公司电力安全工作规程（电网建设部分）（试行）
国家电网有限公司安全事故调查规程
国家电网有限公司关于印发新建直流换流站现场安全管理职责分工的通知
…
国家电网有限公司输变电工程建设质量管理规定
国家电网有限公司输变电工程质量验收管理办法
关于印发国家电网公司换流站工程质量管理办法（试行）的通知
…
国家电网公司基建技术管理规定
国家电网公司特高压及跨区交流电网工程设计变更管理实施细则（试行）
关于进一步明确直流工程重大设计变更管理要求的通知
国家电网有限公司电网建设项目档案管理办法
…
国家电网公司基建技经管理规定
国家电网有限公司特高压工程结算管理
一级制度
特高压工程建设管理规定
特高压工程统筹支撑管理规定
项目管理
安全管理
质量管理
技术管理
造价管理
物资管理
财务管理
二级制度
特高压工程业主项目部管理办法
特高压工程供应商不良行为预警管理办法
特高压工程现场数字化建设与应用管理办法
特高压工程项目标准化管理评价办法
特高压工程建设安全管理办法
应急管理办法
特高压工程建设质量管理办法（试行）
施工质量验收管理办法
特高压工程创优管理办法
技术管理办法
特高压工程施工图管理办法
特高压工程调试与停电管理办法
专业工作管理办法
电网工程技经管理办法
特高压工程投资（资金）计划管理办法
合同管理办法
特高压换流站主设备监造管理办法
特高压工程大件运输技术支撑管理办法
采购管理办法
特高压工程财务管理内部规范
支撑文件
特高压工程业主项目部标准化手册
工程现场临时党支部管理标准化手册
工程联合工会管理标准化手册(试行)
变电工程安全文明施工标准化手册
特高压工程现场调试阶段操作标准化手册
特高压换流站直流控制保护系统联调试验阶段标准化检查手册
业主项目部技经业务标准化手册

建设管理制度体系

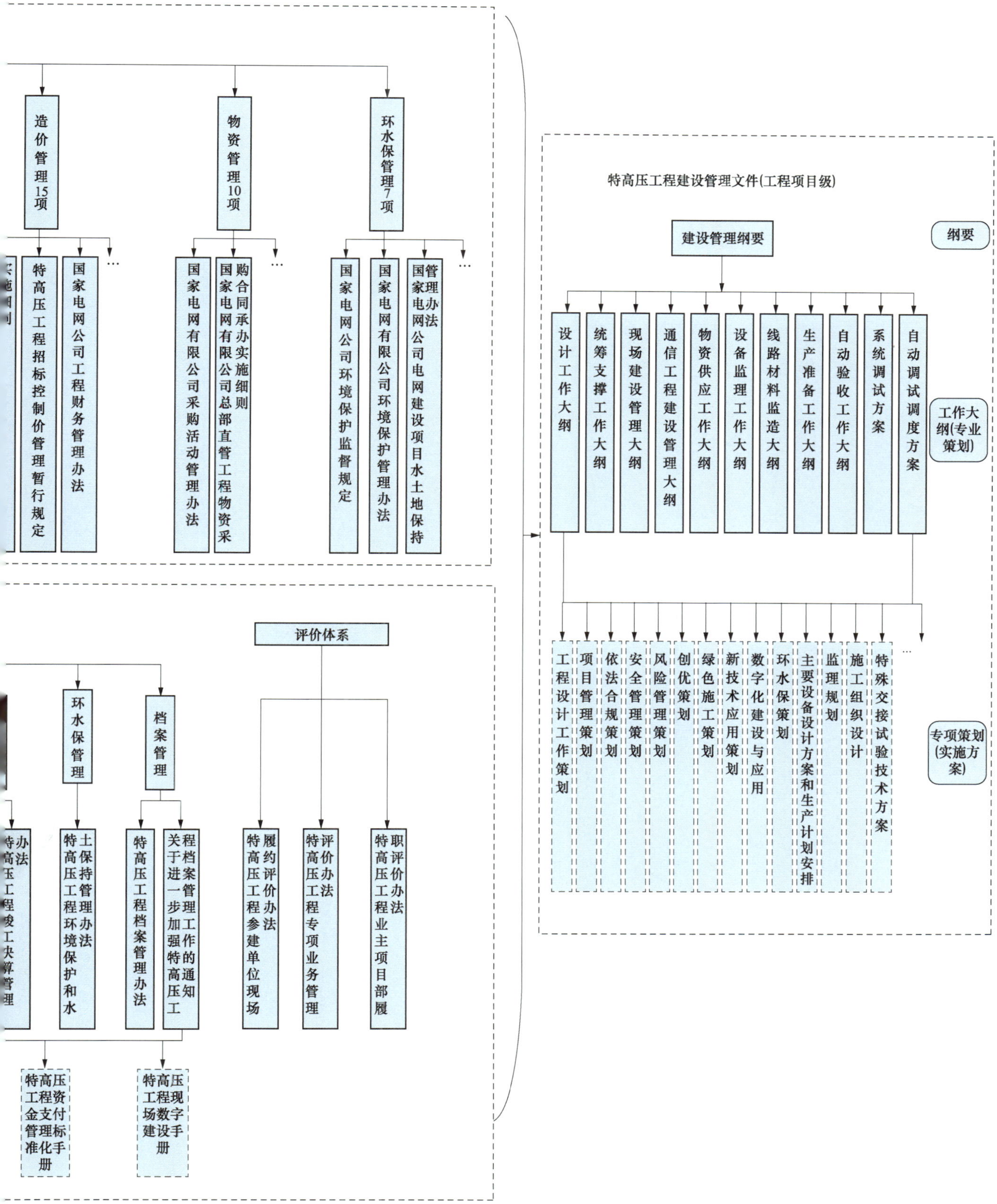

造价管理15项
物资管理10项
环水保管理7项
特高压工程招标控制价管理暂行规定
国家电网公司工程财务管理办法
国家电网有限公司采购活动管理办法
国家电网有限公司总部直管工程物资采购合同承办实施细则
国家电网公司环境保护监督规定
国家电网有限公司环境保护管理办法
国家电网公司电网建设项目水土保持管理办法
评价体系
环水保管理
档案管理
特高压工程环境保护和水土保持管理办法
特高压工程档案管理办法
关于进一步加强特高压工程档案管理工作的通知
特高压工程参建单位现场履约评价办法
特高压工程专项业务管理评价办法
特高压工程业主项目部履职评价办法
特高压工程资金支付管理标准化手册
特高压工程现场数字建设手册
特高压工程建设管理文件(工程项目级)
建设管理纲要
纲要
设计工作大纲
统筹支撑工作大纲
现场建设管理大纲
通信工程建设管理大纲
物资供应工作大纲
设备监理工作大纲
线路材料监造大纲
生产准备工作大纲
自动验收工作大纲
系统调试方案
自动调试调度方案
工作大纲(专业策划)
工程设计工作策划
项目管理策划
依法合规策划
安全管理策划
风险管理策划
创优策划
绿色施工策划
新技术应用策划
数字化建设与应用
环水保策划
主要设备设计方案和生产计划安排
监理规划
施工组织设计
特殊交接试验技术方案
专项策划(实施方案)

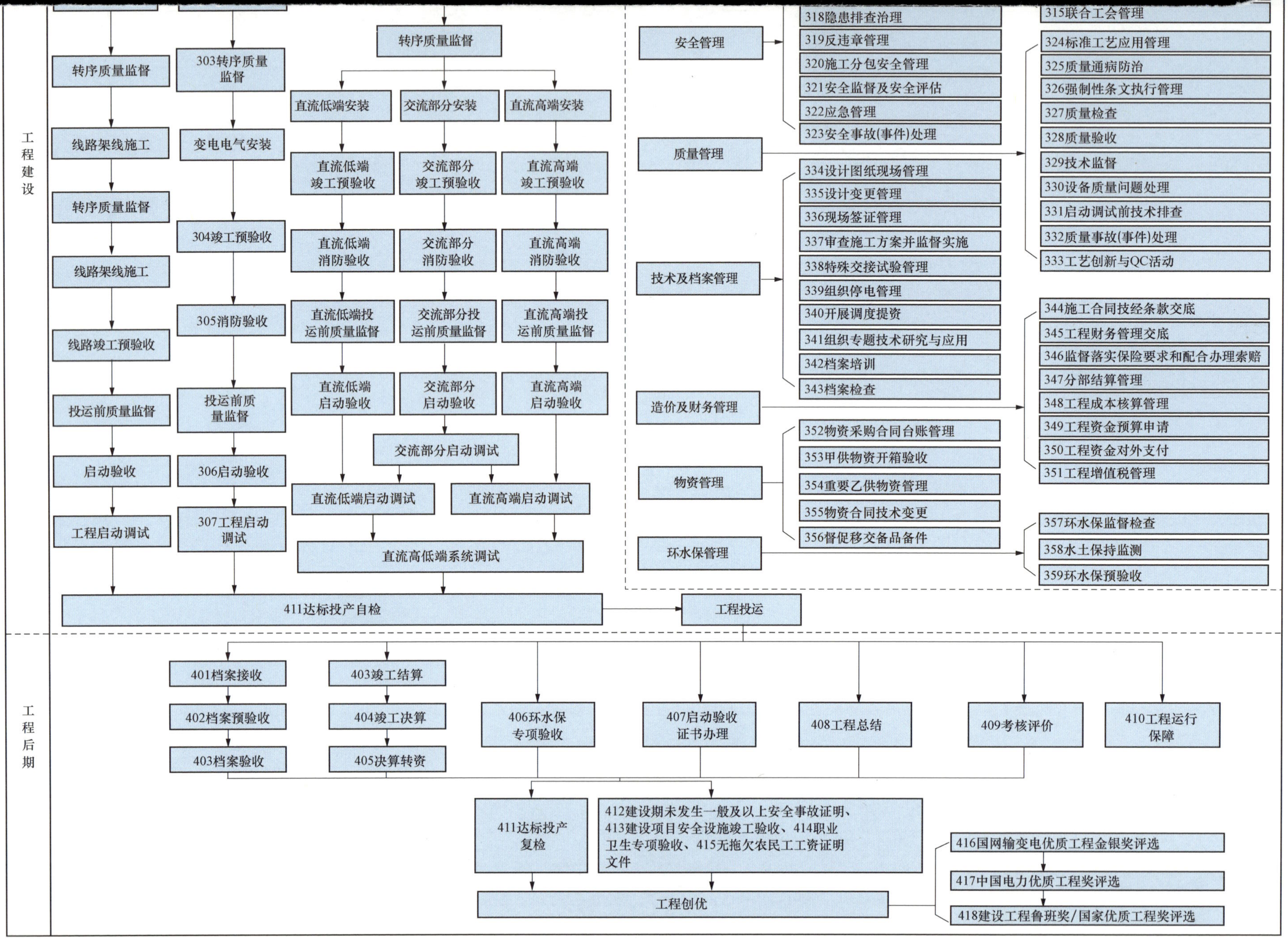

工程建设
转序质量监督
线路架线施工
转序质量监督
线路架线施工
线路竣工预验收
投运前质量监督
启动验收
工程启动调试
303转序质量监督
变电电气安装
304竣工预验收
305消防验收
投运前质量监督
306启动验收
307工程启动调试
转序质量监督
直流低端安装
交流部分安装
直流高端安装
直流低端竣工预验收
交流部分竣工预验收
直流高端竣工预验收
直流低端消防验收
交流部分消防验收
直流高端消防验收
直流低端投运前质量监督
交流部分投运前质量监督
直流高端投运前质量监督
直流低端启动验收
交流部分启动验收
直流高端启动验收
交流部分启动调试
直流低端启动调试
直流高端启动调试
直流高低端系统调试
411达标投产自检
工程投运
安全管理
318隐患排查治理
319反违章管理
320施工分包安全管理
321安全监督及安全评估
322应急管理
323安全事故(事件)处理
质量管理
315联合工会管理
324标准工艺应用管理
325质量通病防治
326强制性条文执行管理
327质量检查
328质量验收
329技术监督
330设备质量问题处理
331启动调试前技术排查
332质量事故(事件)处理
333工艺创新与QC活动
技术及档案管理
334设计图纸现场管理
335设计变更管理
336现场签证管理
337审查施工方案并监督实施
338特殊交接试验管理
339组织停电管理
340开展调度提资
341组织专题技术研究与应用
342档案培训
343档案检查
造价及财务管理
344施工合同技经条款交底
345工程财务管理交底
346监督落实保险要求和配合办理索赔
347分部结算管理
348工程成本核算管理
349工程资金预算申请
350工程资金对外支付
351工程增值税管理
物资管理
352物资采购合同台账管理
353甲供物资开箱验收
354重要乙供物资管理
355物资合同技术变更
356督促移交备品备件
环水保管理
357环水保监督检查
358水土保持监测
359环水保预验收
工程后期
401档案接收
402档案预验收
403档案验收
403竣工结算
404竣工决算
405决算转资
406环水保专项验收
407启动验收证书办理
408工程总结
409考核评价
410工程运行保障
411达标投产复检
412建设期未发生一般及以上安全事故证明、413建设项目安全设施竣工验收、414职业卫生专项验收、415无拖欠农民工工资证明文件
工程创优
416国网输变电优质工程金银奖评选
417中国电力优质工程奖评选
418建设工程鲁班奖/国家优质工程奖评选

# 附录21　特高压工程建设全业务流程图

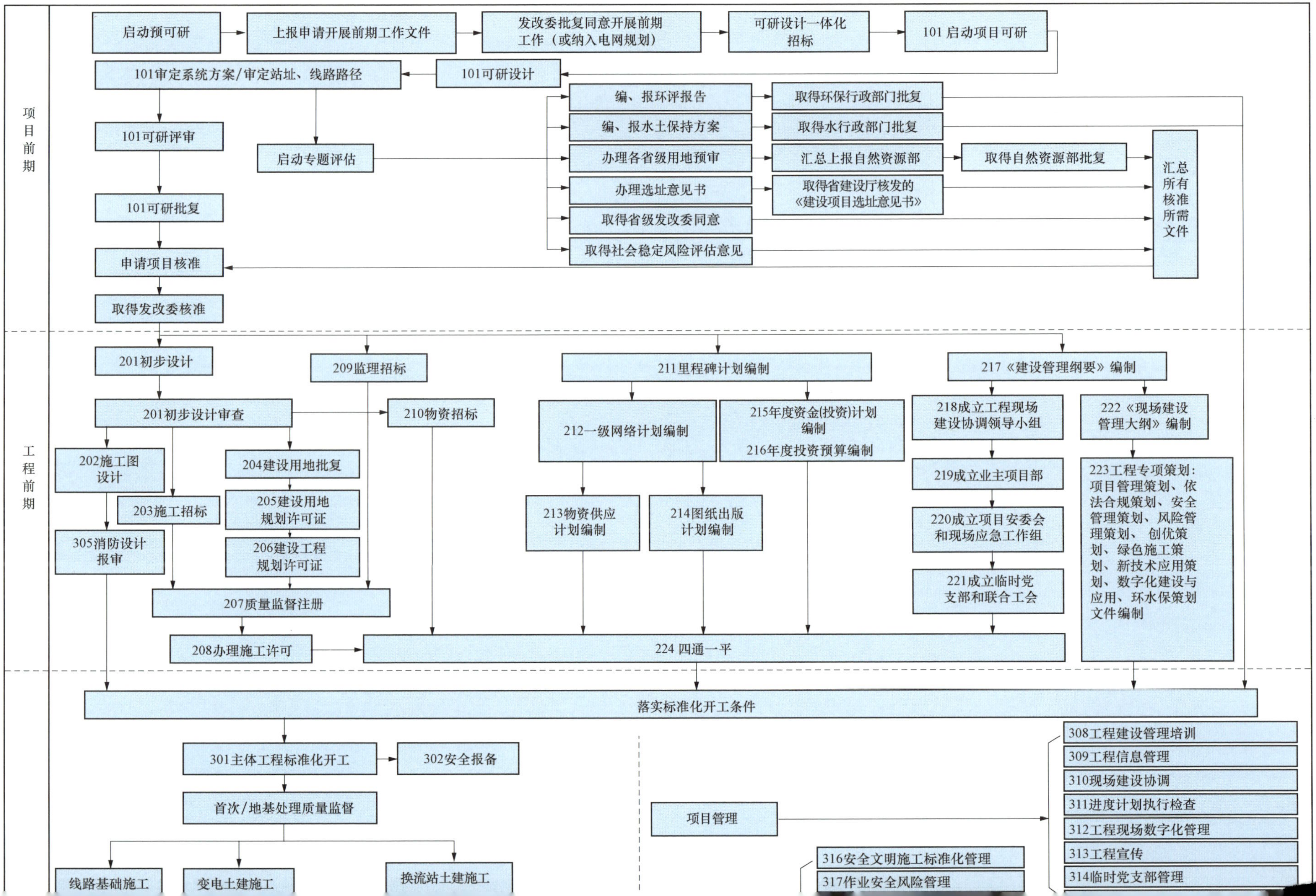